Welcome to Extreme Sudoku

Enjoy!

Contents

Instructions

How to Play Extreme Sudoku

Sudoku is a logic-based puzzle game played on a 16x16 grid divided into sixteen 4x4 subgrids. The goal is to fill the entire grid with numbers while following these four simple rules:

Fill the Grid:
Each empty cell must be filled with a number between 1 and 16.

No Repeats in Rows:
Every number from 1 to 16 must appear only once in each row.

No Repeats in Columns:
Every number from 1 to 16 must appear only once in each column.

No Repeats in 4x4 Subgrids:
Every number from 1 to 16 must appear only once in each 4x4 subgrid.

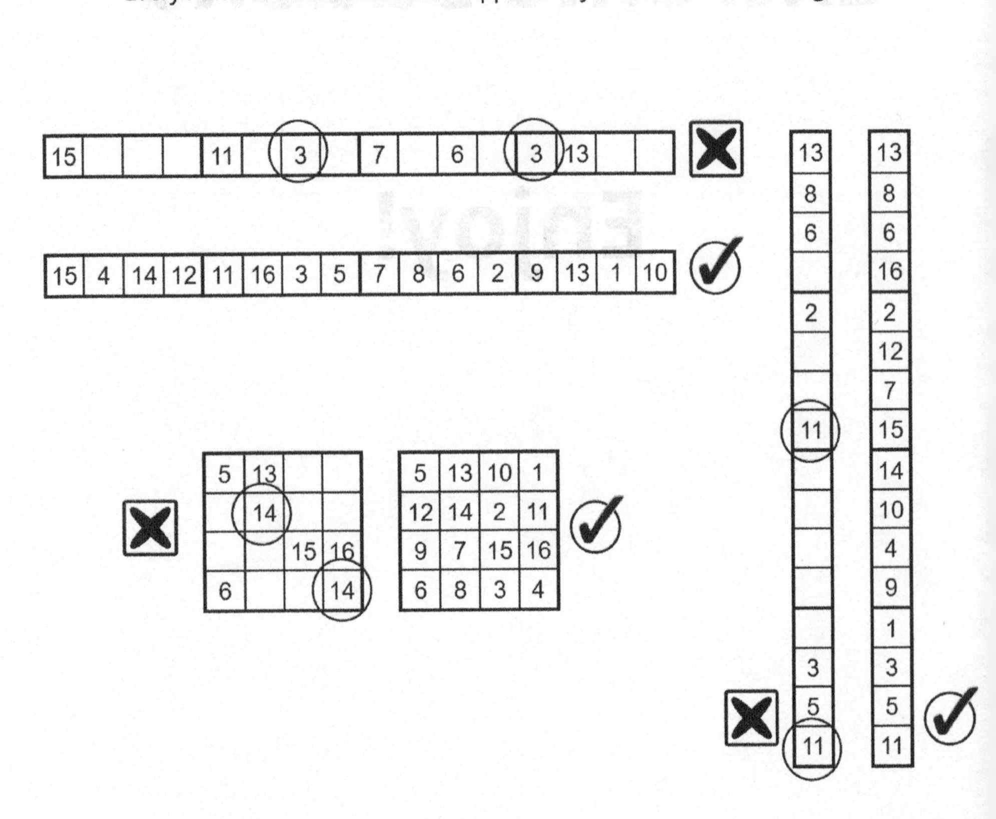

Extreme Sudoku Puzzle #1

16			3	7			2					12		14	11
	13							4		11	14				
		10			3		4			16				7	
	4	1	14	10		8	9			7				3	
	2	6	7					14		1	9				
9								12		3		11			10
4				16				11				3	2		
				11	7	9				4	10		14	12	8
7	3	12						6	8						
				13	10							2	1		3
			9	14							7		5		
2	6		10				3					4		11	
				8	1				9			14	12		2
1		4				7			6					5	9
								10		13					1
		13			14	11		1		12	4		10	8	

Extreme Sudoku Puzzle #2

3							4	11	9		2				6
			10			12							5		
16	6				9	2								14	15
		5	1		10					8	13	16			2
								3	7	16			4		14
							16	9					12	1	
			13		8		14				1				
		14		11	1			10				13	9	3	
						10	9	1	14					12	3
			11	16							3		2		5
2							3	13	11		9		16		
5	16	10					6	2							
	13	11			12	14	1					4			16
4		3	5					6	10	1					
		2			13			16			5			9	1
				10	6	9	2				12				

Extreme Sudoku Puzzle #3

		15	11	8			1			3					
			1		4			7			8			13	
2		6	5		11		9			13		16		12	
	10	12		7		2		15			1		5	11	
					1	11	8				12			6	
		5	3						10						13
8	15		12				3			16					
16		2		5							4				
14					6			3		10	5		12		
7	5	1			16		10	6	8						
12	16		2		5								1		7
										2		13	16		
		10				6	13				3	15	14		2
			6			3	16				10				11
	1		13		2	10			5	15		3			
	2					4			13	8					6

Extreme Sudoku Puzzle #4

			2			15	4	14		6		1		13	
11		8			13							14			
14					16		10		8						
13				12				15	2			16		6	
							7	10	16						
	7				11					1		6		4	3
		10	9		6		16				4		2	8	
4	3			13	2						8			14	
	13					6			3	4				1	
		15	7	4	1		12								2
	1	6				7				8	16		14	3	
	14			8					13		15	7			10
8		7	4			1				15	6		10		12
2			16		9	8			7	12			15		
			10				11					13			
				10	4	12				11	1				6

Extreme Sudoku Puzzle #5

3				2					15	4	6	14		13	7
				16	6		4			2					
	7	5		3				10			14		15	4	
									5			3			
6	4		12		15	5			1	3	7	2	16		
	13	15	14		9			5		6		7			
					2	10				16					3
							1			14	10				
	2	10	16	14											13
						1	2	7	16		15				12
15				6				4		5	1			3	
5			7		10	15	12								
	12	7				6		2		15			10	11	
1		14	10				3					12	7		16
		2	6	9	14		7		12			5			1
	3	16							13					15	

Extreme Sudoku Puzzle #6

				5				10		8		9		13	
				13		2	1	3	11			5		16	
	4	1	13		6	12		2			5		3		
10		12						9	7						
11		16						14			7			1	
8	1	7				5			16		9			6	
3					10		9				1	13	5	12	
13						4			2	3					
2				12			11	8	13						9
		13	6	8					10			16		11	3
	3		11		2										13
5			1		3		13		12						10
	9					16				10				7	
7	5					10				11			2		
	6	3		2	5	1				16		12			
		2		4	12									10	

Extreme Sudoku Puzzle #7

7					12			11		15	13	1	4		
		1		3	16	9			4						
	8				1			7				16	10		9
		12	3		2	13		8					15		
15		10	4								3			9	8
	6			7		10		5		8	16	15	11		
5			11	6	4	3			9	7					16
				1				13							
					8			4			1				2
2	7								15		10				
4		3	9			2							16	10	
10		15			13					6	14		3	1	
9			6	2	15		14								7
					9		11		3						
3	16											6	8		13
			10	16				1	2	13	7				

Extreme Sudoku Puzzle #8

	9		7	6					14	8				2	
			15	2	14		16				3			13	
	1				3				2					14	8
			13	8			15				5	7		10	
				9	13					6				3	
8			4			2	11	15	16		7	9			
16	7		2	15				11			8		4		6
14		1				8	6	13							
4					16						10				3
7			5				2	8		13			15		
		16	9		15		7							8	2
	2		8		12	3		4	15		16				11
	8		10			7	9				6		2		
				4		12			11			3	9		15
	15								3	14		10			
9	4				11					7		6	16		

Extreme Sudoku Puzzle #9

	9			7	2				12	16			11	4	
15		16	4				5	3			1				
					6	14	1			4				7	
	12	10				4							2		9
2				4			13	15					3	9	
		9			16		11		3	7		2	1		
	1					2		13			11		6		16
	15	4				12		6			9				
			16	11	12	6									4
				1			3	2	15	6	8		10		
7		2	14				4		11			3	9		
		13							1				16		7
16					11				8	15	7		5		
13							6		2	3					1
14						1	16			13		15		3	2
		11			3		2					13			

Extreme Sudoku Puzzle #10

			15					6	16		9			5	13
		13			11		10				1	4			
		3	1		6						14				
10														9	11
13		1	3	7			9				15			11	14
	11		6						13				16	7	
16	5	7				1	12	2							
			9						14		11		5		4
5		4	14		10	11			9	6					
		10				13	3	11		4			15		6
15	9			1		5						13		4	
7										3		10	14		
		9	16			3		14				6	13	1	
11	14				15			12			2				16
1						14				15					
	12			5			13	7			10				

Extreme Sudoku Puzzle #11

		12		16	2	8					5		3	15	7
			9				10			1	7	2			
16						13		6	4			12			
	8	7		1				12	16						
2						10		9	6				16		3
		3			11	7	14	15							13
1					9	15	13	4		16				5	
								1	12			15			2
	9	4							2			5	12		
	15				14	9	11	3		7					
	13	16	14		10	1								4	15
7				15			6				11				1
5	1	15					12	8		9			13		
8			2								1	11			
							9						10		
								13		10	15	9	4	2	12

Extreme Sudoku Puzzle #12

	4	15	11					12		6				8	
	1							5			14		13		12
			8	11		6			7				5		
		13											9	14	
			7				12	4	6	11			8	1	
			6			13	14		15			7			
	11	10	13		1				5		8	14			9
15		1							12						10
	7					3		1	8	9	11				
		11		15							4	12		9	8
12	13	5		10	4							1	15		
9	6		1	7							13	5			
					9	4	5		13			3			7
6						1	7	3		10					
					10	15		6		8	5				
			3	2	12					1		15			

Extreme Sudoku Puzzle #13

14	8			3	1	12				15		7	11		
	3				10	9	6	8					2		
			6	15	2							12			
7			16			8			3						10
10					4	3	15				11	1			
		5		8						10				9	
11			15					12	5		2				8
	4		2	11				9						6	
		12	3			1								4	9
		1	10					15		7			12	3	2
	6	2				15	10	4		9	12		16		
				6	11			10		2					13
3	11			9	7					6			8		
									2			5	4		
	7		5				11					6			
		4	12		8		1	11			7	15	9	2	

Extreme Sudoku Puzzle #14

			14		3	8	5	4			11		10		
10			13	4					15			2	12		
2							6	5	8		12		7		3
			15					14	10						6
						11	2	7	14		5				
	1		6	8	10	5	12								
	15		5	16		7		6			4	11		12	
	14			13						11		6		10	
7	5							15	4				13		
13					11		10				14	4			8
		11		12						9	8	14			
	10				2		15					7	9	6	
8								1	12	15			4	7	
		13	2		15		11			7		8			
			10		8	4	7								5
	7					12	13							11	14

Extreme Sudoku Puzzle #15

4	16			12	1	10	2					14			
										13	7			4	
		12	2			14	5				10	15	1		11
			14	7	11						15		3		
	10						4	2	6				8	5	
12			4	14			1		3				13	10	
		3	11			9		12		14	5		15		
	7		9			2	3					12			14
1								14	5						7
11					5	4				15					
			7			15	14	10	12				4		
		6	5	2			11				4			1	
		4			3	13	9	5							
13	14		15		7										2
	5		3						13	4	8	10			
		1		10						11			12		3

Extreme Sudoku Puzzle #16

5			4	1	15							13	16		10
9		12							5			15		1	
	11	16	8			4			9						12
		15	1	9		10		2		4	16				7
11		9		4			10	1			5			7	
14	12			3					7			9			
	3							9				5	15	8	
						1	7				8	10	14		
		11		5		16		10							14
		1		10	12					5	7	4			16
					2	8			3					11	
16			12				6			11					8
	9	4				5	8				10			13	11
		3		13			9	11		1				10	
7												1		15	
			10	12			11	14	4	7	3				

Extreme Sudoku Puzzle #17

12				4			11						10	15	
		2	11	14			5	8				4			
5			15			16	8	11		2			13		1
13		14	7	15		1							9		
				7	11			15					8		16
	15			12	9			1		13				10	7
	11	4			15					8	7		12		
					1		14	12	4		5				
	16								6	7	13	5		9	
			13	11			1		8	16	2				
				16		14	13					6	7		3
9	7									4	12			11	
7		13		5	4	8	12		9	15				1	
8			5	13	14										
1							10					2		4	9
		15	3							12				13	11

Extreme Sudoku Puzzle #18

2	12			15		13			1					3	16
	7		13		4	12		14				10			
		9		10								2			
	14							8	15		12				
16			15	13	14	4	7			9		8			
9			1			15			13					5	14
				8			5	10				16	7	2	
					10			7	12	11			15		
		11						12			6	13	5		
			10		13		1			16	7		12		3
						7	8	13		5	15		14		
		15	5	4			3		8	10				1	
15	6				9					12		3			
								9		7			10	8	13
10	3		12			5		15			16				
	13			3	16	1					5			14	7

Extreme Sudoku Puzzle #19

		9			2	15			13	4		12		5	
1	16				5			11		9	2				
		4			13		6			16		7			
11	6	2										1			
	11		4	16	12		9		1	6		8	13	2	
		10	6			4	2				3		7		
		16			7								4		
									2	5			6		3
									4	13	12	6			
	9					5	16	2	6						
16	2			1						15		11	9	8	
13			14		6		15			11			5	16	
6	12			8							9				1
3	5			4		13									12
4				12	14	7		13						11	5
				9				1	12			16		7	

Extreme Sudoku Puzzle #20

				6	16	10		11						15	9
7		4							1					12	5
				12	15			14							
5				14				4	15	3		6			16
9	5	16				12	4	6					3		1
6				15			3			1	11	13		2	
	2	3					9				4				
			4				13				2	10	16		
		6		4		13					14	1			
1	12		16	5									2	6	
	3								9	2			4	8	15
			14							10	12				
		2			14	15				8		16	1		
			6			16		3							
		1		9	2			15		6			8		3
	11			3		6				9			5	4	2

Extreme Sudoku Puzzle #21

6						10	2	4	7			11			16
	3								2		15	6	7	8	
2		10	11			3		8						9	
	5		15		16		1		14						
		14	3	7					6	9			4		2
		2		16						8	3			11	
					1					4	7	8	10		5
	9	7					14		5				13		
11	13					5		10				3			6
			14	11					9	5					4
		8		4	14						12	15			
15			6					3	11				8		10
			10						1				2		15
			5				11				8		14	6	
	2			14		9	5	11	3	13					
7			4	10	15						5				

Extreme Sudoku Puzzle #22

2		5	12	15					4			11	8		7
16						7			10					2	
		8					3		1	14				12	5
			9	11			10						16		1
					6				14	11					
	7		10		16	5	12			6	8				14
	1		3			8							7		
	14					3	11		7		4	15	10		12
5		13		8		12	6								
		15						12		7	14		5	11	
				14		16	15		11			3	9		
	10	16	8				7						2		
		14	5			13		7	16		12	1			
					3			1	15	9		2			
6		3													15
		7		16	5	10						9	14	3	

Extreme Sudoku Puzzle #23

15	2		14											5	
				7		14		4			10			1	
			4			9				7			12		
	5	12		4	10			9	6						
16	7		3				4		8		6			2	
		5				3	7	10	9		15				14
	15				1	2	5	3				13		6	10
			2								12		1		5
			12			15			13						16
2		11			3				16		5	12		15	7
7		15		10	13					1			14		
5	9	3		1											
4				14	12							3			
3				8			16			4			10		1
					7	1				6		9	13		
12	16		9	5					14	11	2				

Extreme Sudoku Puzzle #24

					12		1	2			7				9
2			11						3			10	15	16	
		10			9					16	13			5	
15		12			3			9		10			2		
8	2						12					5		6	
9			1			11					5	3			
	3			9		6				7		13			1
6	4			1					15	13			11		
1			4			7	6						12	2	15
		14	2	4		5	10	1	7						11
7	5					15				9	11		16	1	
			15			9					4				3
	15		12												13
5	7	11				10	8		2		9	6			4
4				11		13									
	14		13					15	16	5					7

Extreme Sudoku Puzzle #25

				12	7				10		11	6			
1		12				11	14	16	4						
14						3		2				15		10	
4			7			6			3			11		2	
	8			11			4					13		7	
	6					7	1	14	16			4	12		
	3						16		1	15	12		11		
	16	11		2			6				10		1		3
2	1	9	6	8	3					12	4		7		
					14							10		15	4
		3		15		12				2	5			6	
		7			1										14
	4	8	1								13				
			12	4		14	3		2	6					
			11	7		10			12	1				3	
	10				8		12	7		3			6		2

Extreme Sudoku Puzzle #26

15							12						9		5
2	11	9							10						
				7		3			14		1	10		6	
				1					6		3			13	7
					16	14	1	3			12			10	
	9	1	16			5							11		
10		12						2		6	8				
		6			12	8	3			7			1		2
8									12	1		7			
	5	3	1				9	6					2	11	
			7	2	4	12	15								10
	16		9					11	7						
		5						10		13			7		
		10				7		12		3	16	6			
		2		4	10		11					9			
9				16	2			15		8		1		3	

Extreme Sudoku Puzzle #27

3				16		15		7		11	13				9
	16				14		11			9	8	10			
1	12		5						16						
							10				1		14	13	7
		15	12		3	8		13			14				
	13		10										9		11
			14		7		13	2		3					4
		7			4					12				10	
		12		15			16						1		
7								12			4		13	2	
			13	14				3			2	8		16	
	14	16	4	10	12	13			11			7			
16					8	12			2			1		3	
	8				1					4					10
	1					7	3		14	8	11	4			
4		13				14				7	3	5	8		

Extreme Sudoku Puzzle #28

10						14				11		4		12	8
2	11					5	4				9	14	13		
		3			7				13	10					
1		5	8		2	13		4				15	11	7	
15				1	6							8	2		
		8		15	14		10	1	12				4		
16	4		2	8				10	15			13	14		6
		6		7					4		2				
			6		1	8								15	
			10							12	6				13
5	14	15				6						11			
	12		1	4	10			14		2		6			7
	8						7					2			
	15						14	12	10		4			11	
			7		13	1	15		8				5	4	10
	5		3						11		13			8	

Extreme Sudoku Puzzle #29

1					10				5	4	14		6	11	
11	7	14		3			4		2					10	
3	2						6	10	1					7	
6					11		8	16	3			2			
	5				14					3			15		
		8	7	5			10	13							
		2						1							16
			9	8			1		4	11	2	7		14	
4		13	14				5						1		
2			8			3				1	12		10	6	
	12			7		10							3		
				11	2			6			13	8	5	12	
	3		11									16			6
16		6		4	8			7							11
7	1		4			2				14					10
						7		15		10	8	1			

Extreme Sudoku Puzzle #30

		16				3		6			8	4	11	5	
								16		3		2	13		
	4	6								11				16	
			10	6	8	12		7							
11		3			10		12							8	7
14		7		9		13			6		5				3
		9	16	3		6		12							10
						11			7	9		5	12		
	14		4		11				5			12	10		13
							14		12	13		3		7	
						16				14	6				
12	13				1	5		10							
	11		3		6			8	9						
9	12			10		1				16			4	11	15
		2			16	14			13	12	3		9	10	
13		5		7			4		11						16

Extreme Sudoku Puzzle #31

			1							16	9	7	11		
15		12				9									
			10	12		7		13		2	15			16	
			2		1	6				10					13
2		4	12			13		14		5					
				15			8				13	4			16
		16			3			4	8		10		7		2
	13	6		4			10	12	9			8			
6	14					10			13	7					8
				14	8		13			15	11			1	
1	2	7								12		16			
16							4						10	9	14
			16										1		12
	12	1	15	10						8		3			
			8	13	7		6	16	4			11			
13		5				4	15	6			1			7	

Extreme Sudoku Puzzle #32

					7	12	13				4	2			
	10				1									7	15
		9	4			14	2		10					5	
							15	5	7				9		
14				2					8	4	9				11
6	15	3					12	10			11	1			9
				7									14		
	16						6	12					13		
		6	8				4		15		2	13		9	
	11	15	12		6		14		1			10			
9			3	10	11			4		8					14
			2					13		12	5			8	
		10	16			4		15		3					
				8		15			5	14			7	13	
	9	14			10	1					12		11		6
5		11			9			2		13	10	12			

Extreme Sudoku Puzzle #33

10			7						5			1			
4	11		15		10					6		5			
		6		4	15	8				2				3	
1		2							3		12	14	8		4
	10	13						12				6		8	14
	14	8		7		13		16	4						
	7					2	6		1	13	5		12		
				12	4	3		14	8					5	
	6					10			2		9	11	7		
				3		6	13	1			7				12
15		7	4									10	14		
					2		14			15			5		1
	13			6		1	15					7	9	2	
	5						2	9		3	14	13			6
7		14				12				11		8	1		3
								13							

Extreme Sudoku Puzzle #34

12	9	1			15				7		6	11			8
							13	9	11		8		3	2	
			6	2	10				4					1	7
					4	12									10
		10	3		14		16		13		2		9		6
13			12					14			9		8		
				8				10	6	5	3	2	14		
	14				7		4					3			
	4				9	7		3				6			
10		15	13		5	2								9	
	8	7	14	13										15	11
9	12							8		2	13	10			
						3		1		9	12	15		4	14
15				7		14			10				13		3
		3			8	1	2	6			15		12		
14		6	10				9			7					

Extreme Sudoku Puzzle #35

	10			2			8						7		
		12	13	15	7	14				2				1	
8	15			5		6			11	14	1				
		3		1				13					12	11	9
	8						3			6			9		1
5		13					9		12	15				8	
6			10			8	15		1		11				
12		11	15		5				10	8		3			7
	7		3	9			1		8						
			14	7	6	15		2				4			13
							13	14			6	15		12	10
						10			15		4			9	
	1					5	6	15	7			10		14	
			6	8					2	1	3				
	14	8		11	3						13				
7											9		6		12

Extreme Sudoku Puzzle #36

		3		6											14
9				7				15				3			8
16					4				13		12		15	10	
15		8	7		14	12	1	6		4					
	1						7				16	10	11		13
12		15		13	1		14		6				7		
	13	14			15			3			11		12		
		5			8	16	4				15				
			13					16	8	14	9			11	3
1			9	16							13	7			
	12		3						7	1					
				8	7	15	6								16
3	11		12	1		8									10
4					6			7			1	13			
	14		15	4		11	3			13			6	8	
		13					12	5		16					

Extreme Sudoku Puzzle #37

	6		8							1			14	4	13
				15	11					3		10		5	
	13	5					12		4	14		15	6		
15			16	1		10					6				
			15					4	3		12				8
						1		13	9			4		6	
11	9	13		10		16	4				14	5			
	16	8	14			15							11	13	
	5		3		10							16		8	
10		15	12	11	6		8	14		13		3			
	14				16	3		12	8				4		
			7				13						5	12	11
3						4		8	10	12					
8					15		1		11						
			11		7		10	1		4	3		16		6
12					3					6		11	13		9

Extreme Sudoku Puzzle #38

						14			11				16	10	
	4		1		6			13							14
16			13						3						6
15		10		16				7		4				12	3
	8	11			10	2	14	1			13			7	
		9	4			8				16		3			15
		16		5	4	1	9				7			14	
	1		14				15	2			5	13	9		
	13				7			15			4	1			
			10		14	16	13					15			
				1	9				8	13	3				16
	9			2			5		1			4			12
			11						9		14	7	10		
				6	1		4		16		12		14		
5				8							15			4	
7	16				3									1	8

Extreme Sudoku Puzzle #39

					8			13			1	2		14	
9			7					15	10						
5					12	2	13	9		6					
	13				6		7	16	2				1	8	12
		8		2				7		11	9	12	10		
		11	10			16	6	8		13	15			1	
		12	15			14		6							
							1				10	5			4
	6				9			12		7	8				
	2	9				12				1	14		5	10	
	14								15					11	13
		5		11			10		9	16				15	
			9	15	4					10	6		11	5	3
3	1				7		2								9
8					1				3			10			6
16		15		8		3				2					

Extreme Sudoku Puzzle #40

15		14					4			6	16			5	
		4				9	8			5			1		
11	10	9				2		4							
							3	7			13			15	16
	15					4	10				7				
				7	2				8			5		6	
		11	3		1				16			15		10	
1	12						15	10	13			3	9		
4		15		1				13		8		6			11
						6	16						12	4	1
8								5			12			2	
9	7	1			5	11									8
				2	10				11		6		3		
10			16	5								8		12	
2	11		9			14			7		15		16		
				3	7	1			12	4					6

Extreme Sudoku Puzzle #41

2					13			3				5	9		
1		11					12				16		14		3
				14	16					11	5	2			
3			13					7	12		15		11		
			6		5		16			13	8			7	
	7				2		1		3			11			8
							9		1			10		16	
	14						3	9		12				5	
11		13	12	3	1			8			9				2
		15			10					2			5		
9			1			8				5				10	
8		16		11		13			15	1	7	9			12
		5		9	7	15				8		16			
16		2	7							4	12				11
12			14						2				1	3	
				8			10		5						

Extreme Sudoku Puzzle #42

12											14	15			9
		10		7			11			15			1	12	
			16			12								10	13
	7		3				15		9	4	1			16	
		7				1		14	12			5			
	16					14			1		5			6	3
9	8			10		3		7			16			11	14
		14		12	11	15		8						1	
8			7						13		9	16	11		
			14			10	7	16		11	4		12		
			1	6	9		8		14					4	10
16	10		12	11									3		
2				16				1			7			15	
	9			15	8	4						3			
13		11							4	2		1			
3		16					13	5				9		14	

Extreme Sudoku Puzzle #43

		13			5	10									11
15	9							3				16		7	8
8	11	5		14										1	6
						1	11			16					
				12	15	8	1							6	
	6	2	12		3								5		16
								11		3		2	9		4
	16				11			15	10	12	4				
	5		16	15	4			2			10		11		
	3							12	14	11	6			16	
7		11		6	10						15			14	
10			15			2	3		5			13			
13		16							11	15	5	10			
		10	1			5		16							
			2	8			15					3	1		
		14					2			6	9	5		15	

Extreme Sudoku Puzzle #44

		13		3								14			
	4				11	8	1					2			
2			10		15	12		9			8		11	3	
	3					9	4	15			1			8	12
		2	7		13	11			15	4					
12		4	3		9			14						10	
11	10			12		15				7					
						10					13	6	12	1	4
		11	15		12			8	16				14		
			12	8	10			3					13	4	
						14		11			4	3	7		
14				13											11
13							15		3		9	1			
15		1	8				7			12					
	12				3		16		11	15		8			
	7								13	16				2	14

Extreme Sudoku Puzzle #45

							6		10			16	13		
		13				4	14				12	10			11
	3			1		15				4			14		
5	15		11						2	3				1	
		11	13	3	10		15		5						4
3						6								11	
					2				9		4	14	16		5
	5		7			13		11	1		14				10
12		2			4		10				3				
15					14				16		5	12			
6	13			15		2					1	5	4	3	
10					11		5	13					6		16
			15			14		1						4	
							11	4		2		13			
	14	5	3	13		10				12	6			2	
2		16	4	5						14	13	9	12	6	

Extreme Sudoku Puzzle #46

		6	13				1		4	15					16
3		10								7	2	15			
2					15		13		10					11	1
	4		7				12			11	6			2	13
6						16	14	13	1			11	7		
							7	16		14		3			4
9						15	4			5					
				8		2						13		15	
14				1			15	3				5		7	
4	6	7	8	14	9		11								
	11		15		8	4				6		2	14		
		16	2						14	13					
	15				14	1	8				3		6		11
								11	6	9	12	14	3		
	7	5	16			6							4		
				11							10	16	2	12	15

Extreme Sudoku Puzzle #47

				11	7							3	12	16	
5								16		3		1			2
2		6	12				10	13			14				
	3	16	10			6	14	1						5	
		11	4			14			5				8		6
					10	16	13		8					4	
1			14		12	8			7		6				5
		3	15			4			16		12			10	
							5				8		14		
	1	4	11				3				16	2			
		10	16	15					6				1		11
12	14				1			3				6			
					5		12							11	14
	11			10		1				2		12			4
8		2		6					4				7		
			6	2			11			12	1		10	15	

Extreme Sudoku Puzzle #48

								3		1			14	12	11
3		2		8	6	9			5	14				7	
	5		14		12									15	
	16		12		11	7		6	4			3			1
	10				7		16		11	4	15				2
	7		3		8			14			2	4			
		1				10				7		15	5	3	6
16		11		15	4										
14			7	11		2				9	5				15
			15	4					14		13				
						1	13		16	8	11				
	6		16			5					4		7		
				2		4				13	1			14	
	9	6						2				8	4		7
	2	3		7				16					11	5	
	1		5	6		11			3				16	2	

Extreme Sudoku Puzzle #49

7											15			2	
11		14		7		3	2			16		5			10
5	10				4		13		3	7		6			
				1			10		11		4	7	3		
8	11	9			16	10									12
					12	11		10						9	5
			1	8		4			12			2		13	3
		12			15	1			13	11	7		4		
			9										13	5	8
	14		7			13	11		1			4		3	
2	1	11								3		9	7		
	4				5				10		12				
	8		13	4		15		9				1			
		10	15	3									2		
	7		5		1		8	11		15					16
4						9		12			16	3			7

Extreme Sudoku Puzzle #50

4	8	9		11	5							10	2	7	
16	11				14		15				10	9			
				4	9	13					11		8		
14						16			13						15
	10	2	8	7			16	11	5		15		12		
15					2	4	12			13	14				
		1			15					7	12	11			
		13		8					6				7	4	10
				14	16				9	11					
	9	12			7			4			16		14	5	
			1	12				2	15						8
7	5					2								9	
13							10				9		15		7
	4		2						8	12				11	6
			10			9			2	15	13	8	4		3
			12				8	6	11			2	10		13

Extreme Sudoku Puzzle #51

				11				6	2		16		8		10
15							5				12	16	14		
14		6		16			12		1						
7								8	4		11			1	3
					7	3	10								4
		15						9		2		6			11
	6	16		14						10					
	14		12	6	9							3		10	5
	13		5		12	11	15								
				8				10		7		12		2	
	9					16	14			3		10		11	
16		10	2			6				11				9	
			6			15			12		13	11			9
2	5		14				13		9				15	7	
	10			7		2			11			1	16	6	
			9			14					15	2			

Extreme Sudoku Puzzle #52

	1		3		5	16					4			9	
14	8		2		1	13						12	10		
4			7						2	13		1	14		
				2		12		14		11	8		5		
15			8					11		14	16		4		2
10	2	4		1							13		9		
					9		5			4		3	8		
	11			16			10	12							
8							3		5					4	14
3	14	16				2		9			1			8	
		12			4	14			10			2	11	3	
		10		5					16				15		
		3	5		7						12				
		14	12			1	16					9		6	
	9		4				12	3					13		5
			16				2		13		9	4		1	8

Extreme Sudoku Puzzle #53

10			13	12	15						11	1			7
	6				14	13					1				
14	1					4			16	3	10	2		11	6
7	11		3	1											16
12	3		7			14		1					4		
	14	13				10	3	2						16	1
1					11	12		3		13	15		2		
16							2	11						6	10
2		7								6					13
					16	6	5				2	14	12		
				11		1	15				8			10	
		4	5						14	7					
6	4												10	14	
					2		6	14	7		12	13	15		
	16							15				6			12
		1						13	2				3	4	

Extreme Sudoku Puzzle #54

									10		9		11		4
4	11			7	2		14	16					8		
15	8		12				1			4		6	14		
7		1	16		13							10			15
								8			16			7	9
2		4	13	12	15	3	7								
		16		2					3				4		
		7		10				9					12		11
				15	1	7				2	13			9	
	12		4		5							11			7
1		14			4	13	2								8
								11	14		12		6	15	2
			1	3		11		10		15		13			
		8							16	9		14	2		
13	16		7	1								8	15		
	2	11	10	13	6	12		4			8				

Extreme Sudoku Puzzle #55

		9	1	8	4	13		12							
		14		9						16		5	15		
10							1		15			4	14	16	
			5		2			11		14	3		7	13	
4					12										11
		7					15	8	1				2		5
9				3							14				
1		11		10		2					5	13	4		12
	5						8			15			1		13
					3	9	6	5							2
15			7		1		12	14	2						
			16			5		9	13	12	8			7	
			10	12	13	1	3		8					15	
13	16				8	10	9						5		
	9			4						3	13			14	8
	12	15					5	2	14		10			1	4

Extreme Sudoku Puzzle #56

												9	4	14	15
5	7		16			8	11			14				6	
		9				15	6					16		3	
								3	13		8				
13		11							7	10					
14			9	13	6										
				1	14			15	5			11	8		
		2		8	10					3	9	14	1		
		12	5	14			4	16			6				1
					16			4	11		13			5	14
				15		10		9				8			16
4				3	9	1		8					11		7
	1	13		5			14		15	7	16		9		
						7	3	6		8					13
	10	5			1								3	8	
11	8								9	4		6	5	7	

Extreme Sudoku Puzzle #57

							14	1	3			8			16
	10			12	3	2		5			9				
	1	6	2				8				10				
8				15		10			11			4	7		3
			12	8		13				6					
			10		2						4			13	
1						6	11	12			14		16		
	5	11						15	10		2	1		14	
				1	13		2			12	15		10		
			9							16		3			
4			8	9			16			10			2	11	
11					12				4		1	9		15	
16	14	8			11	3						15			
	12						9					14		16	10
		15				14	10		9	13					4
2				13				11		1	3				8

Extreme Sudoku Puzzle #58

11					14			9	10		16				
			16	9		10	3	13		8					
												2	16		12
5			14			6	12								4
	15		5			11				12					
	13							15		10	2	3	9		
		9			13	14			6		8	15		11	
		12			8		5					13	2		16
2	6				3							7	14		
3	10	1		2	15	5			14						
							10	16		15	6		8		
8			15					12	2	1			10		
	8	13	6			2		10			15			14	
	2				5	13	16	6			14		3		10
		14	10	12					16	2				5	
	11			14					9			8		13	

Extreme Sudoku Puzzle #59

			14			6	12	2	4					7	
1					7	2	16								11
								1	8		11			10	14
11		9	2			10			7				3	8	12
6		1	12		14		9			2		5			
		5	3	10	15			6		8		11			
		14		5						12				3	
	2		8	6				4	11						
			5	3		13		16							
16		6			5						14	8	9		10
8	10										9				5
									12					11	7
2				14		16		9			5				
	11			7			4	14	6		12	16	10		3
9	6			11					1	16		13			
5								11			4	7		12	6

Extreme Sudoku Puzzle #60

	14	15			4	7	16	9						13	
		12							16	2		9		7	
	16	6	4			2	13	15			10			14	
					9	10	6		5		8				1
6		8						16				2			
		7		5					1		2	12	16		13
	4	16		1	12			5				14	15		
	9			4					13	12					
	15							2	9						
							9					13	12		11
16	13		3			1	8	11			7		4		
	1		8		5	16				15					3
					15		1		7	9	12				
3	5		11												
13				7		4			2		1	8			
4					2					16			9		5

Extreme Sudoku Puzzle #61

				5	11			14	7	10				1	
		9			4					8	1		14	11	
8		15			7					3					
1			3			15		5				6		7	
								9	6				8	3	14
	12			3				4	11				5		
			14			6	9				5	4	12		10
	6		9					8		12	2				
		7				3	12			15			4		5
	1		2	7					8				9		12
	9		8	14						1		10	6		
5				1	9		13		12	11					7
		1	6		5							14	7		
		8	16	11				10	3						
11	4		5	8	14	9					6				3
	14			12		1	7	11							4

Extreme Sudoku Puzzle #62

	7	10	1		12				15					13	
15		2		7					11		12	8			
	5			14								9			6
								8	3	10	5		11	2	
				12		1	15	9				6			10
6	15		2		3		11								
8			12		7	6						3	13	5	
14					16					6	3	2		15	1
							2	14			1	7	8		
2	6			16	11	14	12								5
		15							13		8			3	12
3	10			8			5	6							
								3	10						2
				6		3		7		5	14	15			
	12	1	11	10	5		14			2			3	9	
		5	3			11	9							1	

Extreme Sudoku Puzzle #63

	11	10	9	12									3	2	1
12		6							5		13			4	
		13		11	10			6		14					
5				9	3		4		2		12	6			10
	15				4	2	5		7			3			
1			5							15		12	9		
4					14	12				2		5			6
							6	10	13					15	
	5	7						8						6	
			6	10	2				4				14		3
	3		2						9			15		10	
				3	8	15	12	1			10	7			
							11	13					2	9	
		2		6	15	10		5			1		11	12	
9		8				13				12			16		
					5	14		11	3		9				

Extreme Sudoku Puzzle #64

	12			8	15			7	10		16			3	
	2	14	16			12		8			15				1
1								5	14				7	9	12
5						14	13		12			16			
				7		8								12	
6		8		16					1	9		5	10		
			1	14	9			15			12				
	10	3	14	1						2					
7							8				11	14			5
					2	4	1	12			9	3			8
		5				7	14			3				15	
9			2				3	16			10	7			
	3		8		10	5	9	1					14		
			9							10	8	15	1	5	3
11		12	15								7	9			
	4		10	6				3		5			2		

Extreme Sudoku Puzzle #65

3								6		5	14		16		2
				16				12	2					5	
12											11		13	7	
					15	9							3	11	
6	1		11									9	8		
		15	3	12	4			14		16					
	14	8	4	3	5									6	16
		12		14	1		11		6	15		5			
4			14	11	12			15		2					
	15		6	1	3		14		13		9				7
		1						4	5			8		13	
	13	16					6							15	4
9				5		13	4				3	1		14	6
	12				14	1		5			8	3			
			1						15		16	4			
			16	6			3		4	11	1				9

Extreme Sudoku Puzzle #66

		1			2		5		10				8		15
14					9									6	11
4		2		14	7			5	13	9					10
3	5				8									14	
10			3		5	15	2								14
1	4			3	10		11		2				5		
	14										6	2	4	15	9
6	11					16									
		10				2			15		9	4	7	11	16
										3	2		13		
2		13	14	6		3			5						
	15	9				13		11		14	4	10			2
				10		14				7		15		13	
	16					11					3	7		4	
			4				12			10			6		
	7		11				8	4		5					

Extreme Sudoku Puzzle #67

		9	3	16			13		6					7	1
	2					8		10	4		11			9	12
	7				14	6			3	16		13		10	
13		10	4						7	9					
					1			6		7		14	3		16
	6		16	13			5			3					
2	9			6				12							
11			14	2	8	7					4	10			
		2		11			14				13	4			10
10				1	3					12	2		14	16	
12	13						6				5			3	
		7	9	8								11		2	
			10			4			14						
		16	6		7					2					
		3	8		9		11						2		
	4						16		13	11	3		7		

Extreme Sudoku Puzzle #68

						8		10					7		
9		7	10		15						12			3	
8		11	3		10		13		1						
				5			3				7			15	13
					12	1	8	5				6		4	
2	3	6			7	15		1				13			
7								13		9			5		12
4	9		14		6			12					8		10
		8		15					5		2	3		7	4
	4		6		8	11		3		12		5	9		
	11		2	13			9		4				15	8	
3		15				2	1		9				10		
11	6			2			15			4					
	12		4	11		3		2	8	13			1		5
							12	14		10	3	4			
		16		4	1									11	7

Extreme Sudoku Puzzle #69

	1	8		12		15				4	10			6	
14				16		7									1
15			13			1	6				8	11		4	2
		16						12			14				10
			16		10	9	14			3		2	7	5	
10		14	6		7				15	9			3		12
					15		1	14		7					4
3			2				13		12				1		
	11	6								1			2		
			14		3		9	5	2				6	10	
12				4	1	13							9		
7	9			14							4				
		3						4		8		9	14		7
			8	1				16		14				3	15
				7		4						6	8	16	
		2		13				3			12	1			

Extreme Sudoku Puzzle #70

	5							12		15		9		6	
10					4		3				9	5		14	
		15			13		10		16			4			
		3		15			14	1	6				10		
		2		1		10							7		
	15		7		6	11			12	2	14				
		4						11				15	6		1
		14	3	7	2	4			9						
9			10	13		2						11			7
4			2							5	10			16	
			12		14	7				16				4	
16	3				10	12	1	15			11				
						6		7	15		3		4		9
								6				12	3		
7	14	1					16	9				10	5		
	16			5			9	4				1			

Extreme Sudoku Puzzle #71

9	6			3		14					5		11		12
				15				12	4	11	8				16
	16		14		7	8				9				15	
7							13	14			3		2		
	2								10			16	5		
3		8				11			13	16		2			
16					8		4		5	3		10			
11	7		4		3		12								
		15		5	10								6	16	
	5	2	3			13				14				9	
	12	16			4	6	3			5	2			11	
					11			10		8	15				3
			11				16						15		8
			8				14	2		6		12			
	9	4	2	12					16				3		5
					13			7			4		10	2	

Extreme Sudoku Puzzle #72

		7						16	5	10					8
			16	12	8					14		4			2
				5	4			6	11	12					
									7	13	4	1	11		10
12	5	10		8					6		11			1	13
				7			1			16	13	11		4	
			13			10	4	7		1					
	4		7	16				5						15	
11	12		4			1					10	3		13	
6						2		8	12						
10	14						11			2	1	7			16
	7	2		10		12	9		13						4
5		9		4	6									10	14
		11			15								5		
2							13		16		6			8	11
16										8				6	

Extreme Sudoku Puzzle #73

7	9		2	11		15			16				10		
	16					7			1	2			11	8	
	11		10		16			4		12		15			
15						2	10	6	3						4
	15			9	2				4		10	1	3		
	8		4	14	11			16		7		10			
1		11	16			4	12								
				1		10			12				8		
		7	1	4	13		11				2		15		
6			15			16	14					11		4	
			13		10			9	7		4	12			16
9								12				3			8
	7				14	9		3	8				16		10
					15		2	7	10		16			12	
		6	9		7	11	1	2	13						
5			8				6			1	12				15

Extreme Sudoku Puzzle #74

4					7	14							16		10
			12	16	1		3	11			8				
			7				12			10	16	5		11	
		11	16							5	15	6	3		
5	10					12			15	4	13				7
11		1						7	10	12	3				
				9								16		15	6
				2	10		11					3			
	15				13	5			2					6	
	5			10	14			16			7			1	2
14		9				15			13		5		12		
3		7				6	8							10	
			4		16		6							12	15
					5	3		1			11		8		14
	3	12	2					15		8				5	
	1	6								2		11			

Extreme Sudoku Puzzle #75

	9									4		12		15	10
			6		13		5	8			12				
13		14		6		8	16	9							4
7	10					11		13		14			5		
11		16					12	6	10	8					
				10					5					12	13
		3	13	14								11		2	
		6		4					2	12		3			
			3			6		10				5	1	13	9
			4		12		11						3	14	
		11		8	9	14		16							
		7							6		4	10	16		
16	11					10					8				
		10			5			14	4	9		2			3
				11	6	12	13						9		5
5	2				8		9				7		4		11

Extreme Sudoku Puzzle #76

			1							5	14	6		2	
4	11					5				6		1	8	3	
8							1		3	10					
					13	6				8	4		9		7
		1				4		6	5	12				9	
			9				6						11	5	8
10	2			3			5								
11	3						10	8		14					12
1			14	16		12		9	2		6		4		
		10	13								8	3		6	2
	8			9				1			12	13	14		10
		16			4	2		13				12			
3			2	15	9	16								7	4
	13												16	12	3
					7		3		16		13	9			
	9				12			2	14			5			

Extreme Sudoku Puzzle #77

1			13				4		14		12				8
	9			12		7			13				2	16	
				10					2		3	7		6	15
6	16		3		8			15						11	
12		16	11				6		7	2					
	3	1			12	13		14					9		
					4						6		3	1	
					1	3		8					16		2
14			15		16		10	6					12		
	4		6				14		12					8	
						9		13	16		14				
						2		7				6	1		
13						11						15			1
			1	15	6			12		4	8	2		3	14
		3	8	16									6	12	
	6			3	2					15			13	7	

Extreme Sudoku Puzzle #78

		12		2			14				8		16	15	13
		9	3		11			7		15				2	1
		6	1	9		3	8			2			11	12	
11	15			6	12					13	1		9		
2			10	7		6	1				12		15		
12								1	10		13				
	4			15		9				11					
				8	4				9			7		13	6
5								13	11	16			2		12
9			14								3				
		7				2							13		8
	6	10		11	7	5									9
14	1					12	9		16		11				3
				1	3	8									
7							13	12	6	1	15	9			
	2		15			10						8			

Extreme Sudoku Puzzle #79

		13	8	2	14		11					15		4	
16		11			13			2							
	3	15							12			8		16	
								7	11	4		9		3	
				14	11		3	16				12			6
	12	2		6	16		13	15			4				
1			13		12				2		11				5
						15			6		13		14		
	13	7	15		1		4	3			12		16		
	4	14	11				16				15		8		
12	16				8						6	13			14
	9			12	2			11					3		1
						9				6	1			11	4
			14			4			13	3	7			12	
15		4	1				5							9	13
7			16	11								14	6		

Extreme Sudoku Puzzle #80

		13				12		4	1	10					5
			16		9	2		12	5			6		15	4
	14		15			5		13				1			
		7					14						12	2	
			6					8		5	4	14	2	16	
16	10		7	6		4		15		2					
9							7						15	12	
				2	13	14	1		9			8	6		
	15		13	7			9	14							
	9	3	2	5	6	13							7		
				12				6		16	11	4		9	
7		11	14	16							2	15			
14	16		9					5		11					
	7									6	12		10		13
13				4	12								9		1
		2			5	1	13								

Extreme Sudoku Puzzle #81

		13			12		11	2			14				15
12			7					8					14		
14						9	2	3					16	10	
	9								12		10	3		8	13
	16	3					4	14				8			10
		7			15		16					9		12	
					2		12	13		10			7		16
				13	3				1	12					2
10				14			5			16	4			2	
11		14		2					9			1	3		
	4		8			10			11			13			9
			2		4	8			14			12			
	10		16			12						4			
	3		4		16		13			1	15				
7			5	1	14			4			12		13		
			14	8	5		9			13	3	11		1	

Extreme Sudoku Puzzle #82

								3	9		14	12			
6	9		14	2				16		10					
	2	4	1	14	13		9					11			
		11		16		8	6			4		9			
			6				12					8	13		
	15				1								14	9	16
13			16				8	9	2					6	12
		8				4		13	10		3				
		3			4	14			1				6	13	
					2	12				8			1	10	9
4				13	10				6	5				14	
	10	14	9						4		15	3		11	
	14				9			15			6				
			2	1	6	15					13		8		11
9	11		12		3		13							16	
	3			11							16	15			1

Extreme Sudoku Puzzle #83

			1		9			7						2	
	15				5	6		2				10			3
	11	6				12	2		4						13
	13				7			5		10			4	1	
4				15	2					5	3	1			
10				4								5	14	9	
2	5					14	11					8			
9		3		12	1				8		6				10
3							13		7		8				15
	2				3				12				10	5	
			10				8	4	3			11			
		14	8			10	5			1			2	4	
		1					14	13		6			15		7
				8					11	7	12				
		2	15		11								1		
8	3	5	6	7			1		10		15	13			

Extreme Sudoku Puzzle #84

												14	4	13	10
11	10	1		16	7							6			
	12	4						3		6			7		
7		6	3			1	5	4						16	
		11	5		10	6					13				3
			10								5	9	11	12	
			16	12	5		9				7			8	
	7			13						11	8	5	10		
			14						11				3	10	2
10	6	16		11		7			1	4					
								7		5	12		9		
4	5			8	2		16		9		10			11	1
	14				3	8		5	6					7	
	1	3				10			16		11		12		8
16	8	2				14	12		10		9			1	
12	9					2	6							14	11

Extreme Sudoku Puzzle #85

								13		6				11	
16		15	10	11	7				5				3		
			3			14	12			16	11				13
	4			13			16	14			10			9	1
				14	12	3		5	16		15	11			
			2				15			9		4			
		7		5							14	2			
		13	9		16	4			11	7			8	5	
		9	4			5	14					7	13		
	16				15					14			2		
7	11	2						15			4				16
5	12			3			13				7		14	10	11
	7			15	10			1		5					
					3	11			10					2	12
	2	5					1	9		3		14	15	4	
4			1	12					15	13		9			10

Extreme Sudoku Puzzle #86

	8				16		11			5				15	
				5	7			6	8			9		11	
	16				15	12	2				1	7			3
6	12	13		10			1				3		8		
	11		8			4		3	7						9
16	15		14		11			12	6					10	
	5		10	9		16			11	2			7		
				12	10				4			1	16		
		1		11	12			10				6	3	4	15
		6		14			5			11			12	1	
			12				8		3						10
3			15			10			1		8		9		
	1	11						5	2			15		6	7
	6		4		5				15	3			10		
							6			8	7	16			1
15		10		13							11	8			

Extreme Sudoku Puzzle #87

			16	14	3		6	5	11		1	9			
			15	11		8		9					13	14	
4			9				15	14							
				1			2			3	4	12			
16	14	3	6							4	8		15		
2		9		3	1				6		16		11	13	
		7			13			3	2					4	14
	8			5						11			9	2	
		14					16	6	9	13			12		1
	15		11		8		5	4				6			
8	5			13					3						
		13		6		4			14	2				11	
13	4								16	9	3				12
11		8			5	16	14			15	6		3		
						1	11	7				4		6	
		1										7	14	9	

Extreme Sudoku Puzzle #88

	15			6					12				7		9
1			6	12	13		3	16					2		
13			11					10					12	6	
	16					9		8		4		10			15
6	13			2								16			
9			2	1	10	13		6		15				12	
				14			6			11				1	7
10		7				8		9	4		1				
	7					14	15				13				1
		13			4			5		12	6			3	10
	9	6		13	3		2								
4					1						16	11		5	
		4					13		3				14	10	
2	10	1		7	15								9		4
16			9		2	6		1	7		12				
15		3	7			10		2	9			1			12

Extreme Sudoku Puzzle #89

	4		7		13		15		11				6		
				8		1			14		9		16		
10	2				6	4				13	1	8			
1	6	9				5	10					15			
				6			7		4				15	11	10
15							16	7							
11	12			4		10						14			5
		14		1					8	16	6	4			
12			9					2			11		5	10	6
				16	8					4	5	3		2	
14		16		13	1	2				10				15	
7											8	11		9	
		10			15			16				6	9	14	
9		15			16		3	14		6			2		
2	11					14			15				12		
			6		11	8		12	3		2				

Extreme Sudoku Puzzle #90

7		15					8	2			12				
				16		10			15			13	8		
								11		7				12	
			6	7			9	16							11
13		10				1				5		8		3	
5							10		16	1		11		15	
	7			9	8		3		11					13	
1	15			4				9			10				16
6				8						10	9	15	5		
16		5			7	13			3			2			12
	9								5	14	15		13		
		11		10			2	8			16	3			
		6			11							10		16	15
	13		11					7	9						2
		9			3	7	15		8				1		
			8	1	5		16			3					

Extreme Sudoku Puzzle #91

	12	8							1	3		9		16	
			16			14			9	5	4			12	3
	7	9			15				8						10
14		1		16	10	5					15				
					9	16	4				1	6	11		
	5		1	11						9	14		8		
				2				11	15				3		
4	11			6			10								
8		7		9			11	10							12
10					16			12		1	6				
12			13		4	10	15	16		11		7		14	
					14		12			8		16		10	2
			2	4	5										
		15				9			14	12	16	1			
		14				1		4	2					9	8
11		16	4				2								

Extreme Sudoku Puzzle #92

	7		15		2			13		14					
			14	6	13		8	15			10			16	
				14				9	16				2	10	5
3	13						12								
				16		9							10	11	12
	16				14	1		5		9	8	4			
		7			8	13					1	15			
			10	11	15	12	2	16	14	3			1		
								11				14	4	5	15
		8					13			5	15			12	2
12	10		9							16					3
	3	16					11	14	9	13				1	
	14				16	11				10					
	5	15	3	10	1	6				8	12				
9		13	16	15								5	3		
		2							1			7			

Extreme Sudoku Puzzle #93

					16		10	15							11
8		3	5			13	6	7							16
							8			1	5		2		
			16	1			7					4		3	
1	11					16			13			5			9
		5	4		1	12					15			8	
9					4	11		8		5	12				1
	6				5							2	4	16	
	9		8	4	11	1				3			12		
	15									6					13
			14	6					10	9		3		15	
2	4			3				1		13			10		8
13	8				15			4	12				3		
12			1	7	9			16				6			4
		6	7				16				8	9		2	
		16		12				13	6			10	5		

Extreme Sudoku Puzzle #94

12		3	7	15		1				13		4			
		15			16	8			10						
			9		13						1	12		2	6
	8				5					3	12			15	
	14			1	15	6		9				8			12
9			12	2	4		14								
7		16		12				2			5	11	9		
	6											1	13		
			16			7		5		9	13		15		
			15	6		3	4					9	14		
		9	2		12							7	6	8	
		12	6						8		7	13			2
	5					15	6				2				14
2	15						7		5		14			4	1
		7				13	3			16	4				
4			1				2	13	12		3		7	5	

Extreme Sudoku Puzzle #95

13		16		8		1	7				15		14		
					3	12	13					16		15	
							15			9		4	5		
	10				9				2	3	6			1	
2			12		7			8		15	1			5	
		15	13				12					8			
	7			9			10		12				1		2
	4		14			15		16			13		7		12
	12		6							10			2		
	15			10		9	14	5				7			16
		2	16									3	8		15
4		9					16	14	1				10		
3		7						10		16				2	14
	14			3			1	13							6
15	9	1		13					7	6			3		
		13	10	2			5		15	1	3		16	12	7

Extreme Sudoku Puzzle #96

		15			9	5									
5	3		16	14						2				4	
		14	8	15			7			11		6	10		
		4			2				10	1				15	11
	5	7	2						8					6	
8				7		3		11	13					10	1
16				6									14	3	
9	6			11			5		15	4	7				
	10			9	12		3		14		13				
	2	16			15								12	8	7
						14	8	3	7		12	16	6		
		11	14				4					10	15		
			15	10	5		1					11			
13		8		3		15	11	4						7	
	11		10			9		7		15		2		5	
		2				13		5				8			

Extreme Sudoku Puzzle #97

	5			13	8					16			11		
		4	10			12	11		3				13	6	2
13								12		9	5			8	
	15		3		16					6	8			12	
		10						2		11	16		3		
5		2		16			13	8		3		11	9		
	8			5		15					9				
	7	3		2			4				10	16			
10	4	1							15					5	
		14	5		6	8		3		4		10		9	
				9	15	3			7				2		
					11				16	5					14
			15		1		2	5			6			4	3
			11	3								6	14		
		16	9		13	4						2			
			8	11	5		6			10		9		13	

Extreme Sudoku Puzzle #98

12	3					2				10	15				
6				16					4	7					
						15	7		2	12				5	11
15	4		8		6	5								7	
								14	1		16		11	6	
9						4	14	8				16	3		15
		16		5	2		8				6	12	14		
	8	6	3			7	10			15		2			
		14	12	7	4	10							6	2	1
	15		7	2		12				4			9		
					1			16			10	15			8
			1							8	11	13			16
		2			5		12		8					10	9
				4				12	6		14				
10								5		13		14	15	4	
5	13					6		10					8		12

Extreme Sudoku Puzzle #99

						2		13				10		5	12
9				1				16		11	4		2		
			10	7		11	6			2		9	15	8	
16				14				6							
		10	11		15		3		12						
	13	7	15		4		9				8				2
			2			8						7		6	
				6	12				1	14	15		4	11	
	15			16			11				13		9		
		2			1								12	13	14
12	8	11		2		15		4			5		10		
					9	4			8		10		1		
		12	16						11				14		4
6	9	8				10				15	1				
			1	15		16		5	14			8	11	12	
						14	8			6		15	13		

Extreme Sudoku Puzzle #100

	8	7			5			9							
			16		3		2						14	9	
1		4					10		14		5		3		
			5		14			3		6	11	7			12
3	4		10	5					15				1	6	
		13			16		4			14	3			12	
				11				6	1	4				3	9
6							12		16					7	10
7					4	2				16				1	
	11	12	14						9		6				5
8							6			1		11	12	16	
		1		7			16		5	2	4	9			
			8	12		14	7		10						3
		5			2					7					
	7				9			1	4		2	10	16		
12				6		10								14	

Extreme Sudoku Puzzle #101

	5	14					8		9	15	3	13			
		6							12	10			14	15	
						9					11			12	
8		15	16			14				6	13				9
	10			7	5			3				11		13	
5			12		11		10		6	13	8		15		
		3	13	8			15		10		5			1	
	15		11				3	16					6		
			6		13					4		7	10		
			8			10		12			14				6
	7	12	14		9	15			5						
		5				1	7				15		9	16	
7			5	15					4					11	
9	4				8	13	14							6	7
14				10			12	13			6	2			
					7			11			12	9		5	4

Extreme Sudoku Puzzle #102

			9			14	6					5			
10		3			8		12	4					6		
		4						14	5	15		2			12
	5	16		9				8						14	
	15				16		7				6		4	5	
16		14			2						8		10		
	6	7	3						15	13			8	16	
2				14	1					12				11	
										1					10
7	14	12	6			8	2						5		
				7				3		14		9		4	
			8		5		16		7	2	9	3			
5									12			7			
	8	2	12		4	1		15							
	4			5		9		16			14			1	3
1					12	3			2				15		16

Extreme Sudoku Puzzle #103

		6		13		3	10	8					2		
		7				6	14				16		10		15
8		14	15			11			12		4				
10			5				9	7	14						
7	11		10	12					9		5	2			
						2				6		12	1		5
					6	1	3		15		7				
	5	1									2	8	15	9	14
	9			8						2	11			16	4
		16	7	14											
			12		2		6	16							
14		8		9				15	6					11	
	4	10			11					9		1	8		
				3	1				2			5	12	4	16
			14		8	12	5		7		6	3			2
5	12	2	11							4					

Extreme Sudoku Puzzle #104

		13	10					12			1	6			
			5		11	12	16		4			2		14	1
				14		10			13		2				16
11							7								
		16	13	12						6	4	11	10		
			12			16		2					1		8
		5			14		4	1	10						
		10	6	9	2						11	4			
	14			10			9			5	12	8		6	
									8		10	15			12
5			4		7									11	
	13	1	8	5	6		11	14			7		2		
10	8									13	16			4	14
	11		1	6	5	4			14					16	
			16						2	11					7
				11		2	14	6		8				12	

Extreme Sudoku Puzzle #105

6					8		2	9	1			5			10
	9			6							10	7		4	8
					9			2		5			12	13	15
10		13							12						1
2				1	15	12				6	8			10	
	4		15					10			1			11	
12		7	11			5			2	16	4				
	6			13	7	10			9			2			
			6					15			2	13			5
	15			4				5	3					14	
	3	1		9			13			7			11		12
			13		14							9	3	15	
					12	8	9	6							2
	8	5	9	10		11					12		4		
			12	3		4					11		1		
		15	4					13			5	8	9		

Extreme Sudoku Puzzle #106

								3		2		8		15	12
	16						4		14	8			13		
			6	5		12	8		9				3		
		14			16					15	7				5
14							12	9	16						13
3		4	12		8			15						5	
				6	14		10					4		12	
		5		2	15				13		8	6		14	11
10	7					2		12					8		
	2		14		7	15	16				3				
11		12										13			
			8	13								2	11		9
		8	16		2			5		9	14				4
			5			6	13			4	2	11			3
			9	8	5				3			14	15		
		13	15			10						12		6	2

Extreme Sudoku Puzzle #107

					2	5			11		1	7		8	
			3		16							4		15	
		1		14	11		10							2	16
10	12						8				5			3	
2	13				14		9		16	12			4		
16				8	5			13	7				9		1
	5		11	10					2		15	3	7		12
		10			15	13			1						
	6					2		8				13	11		
				11				5	13		7		1		4
15							3	2	10		14	5			
	7	13	12				1	16		9					15
13		8		2								11	3		
7			2	13			16	10	14						
14					7	1		3				2		16	5
	11	12				14					8				

Extreme Sudoku Puzzle #108

					8		2		11			15			1
15			16							12		9		11	
9		5	10		11	4	6			1			2	8	
	11						10		7	2			4		16
			11			8	9				16	7		5	
	4					3		1	9	7				16	13
	15				7				2					9	10
	13	16		10								2	3		
					10			13	12			8		4	5
	5	13	8	1	4	9		10			3				
		6	7	13	5			11					12		
		10	12				8							13	3
			13				1	8			7		9		
			6	16							4				
11					13		5				9	4	1	15	
		8			15	7		5	16	11	1		10		

Extreme Sudoku Puzzle #109

			1	9	2							11		6	16
14		12	9		15				5					3	
								10		6		4			
	16	8		12					13	7				5	
2	8	1	4				14			9			5	10	
		9		7		1	8								12
	13						11	14	15		10		2		
6		11								1	13				14
13					9			4	12	2					6
	14	6	3									9	8	4	
9				14		10		5							
			12	4	16			11			7	13			
1			11		3	16	13				2		12		
	6	14	16		11		1							9	
					12	5		16			4	3			
						4				12	1		10	2	11

Extreme Sudoku Puzzle #110

			12	8						7				5	1
				13	10	16		11	15				6	12	
				6		1		12				16	3	10	11
	3		14					16							
	12		13	2			11	3					8		
	14				6							13			10
	16		10			13	1		8		2		12	4	
							10		13	6	15	3		2	7
13				1	16					11					
5		11			4					2			1		
			3							4		7		13	6
6	10				2	12	5				7		4	11	
		12		16				4	7	13	10				3
2	5			12					3		6				16
3	13		7		11	4			14			10			
				10			7					1		6	4

Extreme Sudoku Puzzle #111

6	13					8				5				16	2
8		9		3	13									12	
	15	5		10				9	7					13	
	16	14							8		10		7		
	6				9		11		5			13	1		
11			8	14	3	1				9		2			
				16		7		8	14	13				3	12
13	10	7								16		6			
	8				6						16	12		14	1
		4		8	1	3		7	12	15			9		
			11		4	12				6		7			
		13	1	9	11	16					8	3			6
1				13	12				15				14	9	
							2	12							11
15	7	6	3					2	1		9				
5	11			6						3					16

Extreme Sudoku Puzzle #112

	11		14		7	13	10	6				16	5	15	
							8				15		9		
			5	16	11							4		10	6
13	4								2		7	8			
3	6	7	12	10				5			14				
			4		5		15			10			11		8
		5	16		9	7									12
			8				3		15	16					
	1	13		4				2							
	15							16		14	12				11
5	12				14	8			9	1			13		
4		8		12			1	15				14			
		9	7				4			11					
				5		9			1	7		12	8		14
11					8				10				4	5	
		1		3	15			9	13		16			11	7

Extreme Sudoku Puzzle #113

			14	4			11	10						2	
15		16			14	1				2		7		4	
	7	1		15							13		8		
5		11			10	7					1	6	15		
	1			16		6			7		8	2	12		
6				5	11			2	14					7	
				1		14			12			10	5		15
8		10			12			15	4	16				11	
	2	7						14	16		10	8	6		
	10	4	3						15	8					12
	15					16	8			5		4			14
	8			3	5	9	1								7
10	4				1	5							14		
14						10	6			3	4			12	
	16						13							5	4
3			1		4			6		15		9	16		

Extreme Sudoku Puzzle #114

14		15								4					9
6		8			13		2				1	15			
16						5		9	11		10			6	
	2			6	15		14		7						4
	7		9	2		13							14	12	10
			16		4			3	12				13		
	10			7							4	1			
1	3	14			6			2	9						
	1	9					5								2
		2					10				13			5	16
			10			11	4		14	16			7		13
15			13					10		12	8		9		
		10	15				7	14					4	8	6
		13						12	10	8					
2			1	9		15	6					10			
				3		2		4		7		12		9	

Extreme Sudoku Puzzle #115

	15	14					1		6			9		3	8
12		2	6	13	8	7					9				
9						4		10		8					16
					14	3	5								6
		13	10	7		14			1		6	4	15		
	14			16		8		13		4					
16					1	6			9			3			
		3						7	10	14			9	13	
	3	15			16				13	9	10		4		
14		10	5						3					6	
					6		3		4				1	12	
	13	1		10	9			14	12	16		5		15	
			12			1					2		7		
					4					10	13	2			1
4		6			7		16				3				
	10		7	12	13		15	4						14	

Extreme Sudoku Puzzle #116

	12			1	10			4		11			14	9	
1	11	14					12	15							
	2			13					7			4			
	8					15		1	10	12		16			7
		9			13				8		7		2		15
				4			14						1	13	11
3	7	6	1					9			14				
			14	15		12		2		1					
7	4			12	11	10				13				16	
				14	9		1			8					
12						2						8		11	13
2	10		15						16			7			1
16			13				2	7					15		12
			6	3		14	16		15						
											5		8	14	
		15				4	11	12		16	2	9		7	

Extreme Sudoku Puzzle #117

			8		1			9	16		6		13		
	12		5							1	10			11	
1							6	2		12		4			16
14	4	11			9			13					1		15
		4	12	9	2	6	8	5							
		10						15		2		12			
							12			13	1	6	8		2
	9				13		16	6					15		11
		2		16					10	14					4
5			11			8								10	12
10				6	12						2	14	9	8	
12			9	4		14			8	15	16				
	5		1				11					9			8
						16	2		14	9		1			
4						7	14	8					2		
8	6					1			11	4		13		5	

Extreme Sudoku Puzzle #118

	11				5					13					15
15				3			9		16					5	
				14				4		1	10		9	8	3
4			7	8	10		16	3	12					2	
							6	8		4		3	1		
	7	1		9		3		13					6		
16	13					12			6				10		7
	12	14				16						4			
8			15				12					7	3		16
				2		8	7	15	13		14				
	3		10			15							13	12	
		7	14	16			1		9		12				
10				13			8		1	9	7	12	14		
					4	5						1		9	
13	8				12				15						
7		16				1			10		8	6			

Extreme Sudoku Puzzle #119

2	1					5	4			3					
					11	12	8		2						5
14		12		7	3				8					9	4
						2			5	13	9		3	1	10
9				5	10					11			14		
			10	16		4		9							8
	3								13	7		4			
	13	7	5		8			16		15		10			11
		6		12			1		16			13	10		
12	9	1					3	5	14			8			
5			8	2		16					1			12	
			16	4				13	3						
		16		10		13			12						
					4		12	1			2	5		3	
8		14	6			9							16		
3			9		1			14			10	2			12

Extreme Sudoku Puzzle #120

12		15													7
6			4	15			12	13	5	11					10
						10	7					11	12	16	
					13		16				4	5	2		
	15		2	10		7		5	8			4			1
		7		2		8	13								5
10	12			16				14		6	11			7	
		11	13			6		16	7						
8	4				10	11		6		15	1				
	9			5						8				10	
11	6	2								10		12	1		15
			10		8				4				5	2	13
		5			15				12		6	2	16		
	2			6					16				11		
	8	12			4		14		15	7					
13		3									10	8		12	

Extreme Sudoku Puzzle #121

				9	4			3	15		16		2		
5	11	8		1					14				16		
	6	3	16			8			10						
					5	3	7					1	14	9	15
	16										12				14
		2	8		7	9					11		5		
11				15	1				9	5				6	
1			9	4	11		3		16	14	2				12
16	8						6					14		13	
								8	3	4	1	6			
		6	7		9		2								
14	3		11							16			1	5	9
2	9		6						8		5		3		16
12		11				4				2			9		
					6	11		7				15		8	1
	5				15			4	1		3				

Extreme Sudoku Puzzle #122

1								15	9		5			10	
			5					12			2		9	3	
6	9					16		11		13					
			11		15		7		14						
	6		14	12	7					10	13	8			
		16				3		6				5		12	
10				2	9				5				15		
				16	13		5		12		15	7		11	3
		5		3	11		12	9	1		7				
	3	13	4			6	14				11	12			
11									16	6				5	
			7	9		15			2				14		4
16	7	2		11	3					14	6				
14	12									3		10	5	13	2
		15		14			2							9	7
		6			12		4								

Extreme Sudoku Puzzle #123

	16						5				6		14		2
13					8			16	9		11	7	1		
	1			11	10	7	6				3	16		15	12
	10	5	6					15				11			
	11	12			5	4	16		15						
			5					1	3					7	
			15	6	11		8		2				3	5	
3		1							16	5		6	8		
	5		9	12			15							13	6
2		16		8				4		9			7		
					16		2	6	11			8			
			7	1							12		5	3	15
		8		15	1						14				7
	13							11		3			9		
		11			2				12		8				
6		7				13					15		2		4

Extreme Sudoku Puzzle #124

	3		1	11	6				4			9	7		12
8	15				13								3	1	16
4	16		5				10				1				
		11							8	6		5		13	
		8		16			11								2
6		10		8						7	11		13	9	
9		2		6		1	5	10			15				
					2			6		3	9	8			
			15				1			9					13
			4			16	9			5			2	7	
5	11						14	2		13			1	6	10
		6									3			4	
1			11	12				9		4	6			8	
16				5					13	11		10			9
	6			10			16			12		3			
10	13				8	3			1		5		4		

Extreme Sudoku Puzzle #125

14	6				16			2		13			7		
15		11			10				6				1		4
	4	1								16	8			9	11
			3		11	2		1	5						
12				16		5		15	4	7					2
13							7	8						1	
					2				12			16	4	15	
		5	8	1					2						
		2	11		6	8			1	4			13		14
					7	3			16	12	5		8	6	
	12	13	5	2		1			8		6	15			
4											10	12			7
7	8		1	4				11					10		
				14	5	6					16			12	
			4			12			13					11	
			15				16				12	8	2		6

Extreme Sudoku Puzzle #126

14		13					16						3		
8		3				15	13				14		4		
		2				8			7						5
	7		10			5	12	16				13	2		15
		8			9			10	15		16	4			12
	2	14			5				1	7					
				8	7	16	2			4	12			1	
5	16						1					15	7	14	
9					12			2			3			8	
					16			1		10		12		6	
			1	11	13		15	12	8	16					10
	15		4			1								5	
1					8	3			4	12	10	16	5		13
	3	16		14			7			2	15				
	14					4		13					12		
7	4					13			3			1	8		

Extreme Sudoku Puzzle #127

		2		11			14			10				9	
			10	12		4			1		9				
									11				13	16	4
16					15		1		3	13	7			11	
	4			13	12							15			
		16	3			7			2		11	1	10		
11	13		14						7	4	10		12		5
2	5		9		3						14		7		13
				6				11	4	1					9
7	16		5	1	9				13						
15			1		13		8			7		14			
10		9												8	15
		15				8	9				4		14		11
		1					4	15					3		
	10			14			15			16	1	7			
	11		2	10	7		13	3		5			9		

Extreme Sudoku Puzzle #128

5			15	6	8		4							12	16
16		8							4			13		5	
		14	6	13				11			1				8
	12			16	14		15	8	2						
				4	3	16				14		10			9
10	5							6		1		16	13	15	
		12					11	4		13		8			
	1		11		6	5				12			3		
			1				10	14			2		11		
	14	10	16					1	11						
				2		14	5				3		4		
2			3			1				10				6	5
	4	1	5	7		11		16			15				2
	8					10			5			4			3
11	6		14			4								8	
		15				3			8		13	1			

Extreme Sudoku Puzzle #129

9			4	2	11			14	13				12		
8							12		15				6		
				6			14	5		8		4	16	2	15
	14		2		13	8	4	3				5			
		4	8							7	14	2		5	
2			12		5	7			10	6			4	8	
15		1		3		13					2				10
				11						15					13
12		8	7			10	6	2	4	3					
					12		7						15	13	
	9		15								1	10			
6		5		4	2		8			10			9		
									1					4	
14		15						8		5	6	9			2
	1			14		5	10	9						12	
	10	11				6					12				1

Extreme Sudoku Puzzle #130

	12		11				5		13		15		8	14	
					2						7			16	15
14			13	11	4		1	5						9	
10			4			9	14	8	16		1		5	12	11
		15			9										
6		9	14			5	12			13		7			
2		3			16				9	15			13	8	
				1	8		11					4	14		
4							6		7	8				13	
		8	6		14	13					9			11	16
			15	9				11					3		5
		13	16			1		14	3	10				7	
		4		5				15					9	1	8
	11			6		2		7							
	16			13					14	4			12		
15			8		1	14	4			6					

Extreme Sudoku Puzzle #131

12			3	11							5	15	10		
9				12	16							1			8
16			5		3			2	7	15					
			8	7				11			3		13		
	15			10	9		3			14			6		
10		2								16		14		15	
1		16	11				14	13		9				3	
	8				7	13	11						9		10
		9				12	10	5							16
			7			8	1		4	11		5	15		
13		10		5	14	4									
2				16				15	14				12	13	
7	5			15							16			10	12
	13						12		10	5					
								8	13		7			5	11
	3		1	8							2		14		13

Extreme Sudoku Puzzle #132

5	11	16	13		2		9			10					
	10				13		15			14		4		6	
			6							11		16			13
15				4		5			6			1		9	
	9	7				13				3	16			10	
11				9			6	15	14			13			
		3			8			9	2			5	11		
	2				1	10	11					15		16	14
		10	4						15				6		8
		2		7		9		12	8		5				
13			5	8								12		14	4
			16				3	10		2					
8					5	16					2			11	
			15				10	16		5	9	14		13	
						4	13	3			14		2	15	
10	3					11	14				13		1		

Extreme Sudoku Puzzle #133

		5	15				11			2			3		
	9				15	2		16		14					
					6			13	10		3	9			
	4	3	13	9	5						6				16
2		14			9	5			16	10					
11		4								7			12	14	2
10				2		14	16			15	11				5
			7						5				4		8
7	14				3							12			
			6				14			8	2		7	1	
							15			16		10			
15			12		7	1		9				5	14		
16				7			8		14			13			10
9	13	12	4	6					7						
14		1		13		9	2	15					5	12	3
	6		3		14	16		10				15			

Extreme Sudoku Puzzle #134

		6	16		5	9				10	7			8	
5		14	13	12				6	15						7
	10	2			14		8					3		11	
	3		1			10			13						14
2										14		13			
14			3		13	8	7		10					15	11
			5				15			6	11	7		14	10
12		8		16	10		1	15					5		
	7	11	14	8					2	5	16		13		
		15		3	11						12				
						5		13		7					4
9		3				13		14		11	10	8	16		
3				2				8		16	14	9			
				13		11		10		15	2			1	3
	12	16	7				10		1				11	4	
13			8										15		

Extreme Sudoku Puzzle #135

12								16		11	5	9	14		
9	15			10		7		1			8				
					16			12	13					10	
8			4		15		11		9					5	
15		9		16	11	1									8
5	4				12				8		3		6	14	
	8			5	4		6	14		1		10		12	
	7			8	9				12		4	11		1	
			11				12		2		1				
	1		5			16	3	7				8	9	11	
		14						3			12	16	7		
	9			1	6	8			14				3		
4			14	6		5									12
				3	8							6		16	5
		10		13				9	11	7	14				
	11		2					5							

Extreme Sudoku Puzzle #136

				9		7	2	8		5					4
8							1	10					14		
		10	9				15		4	16		11	3		
16	1								11	7			9		
				10		2	3	1	15	4				9	
5	14	7	4				8		9					2	
			10	11		12									
				6				2	5	11		12			
		8							2			7			
7		1			9		4			14	16	2			
		11				16				10	8	1	12		5
9	16	15			1						7	10	11		
13		9						7			3				
	8			2		11	14								
	6	4		8	7						14			13	
	7				5					9			4	1	8

Extreme Sudoku Puzzle #137

		16	2		11			12				8		15	3
3	13	6	8		15					14					
			9	4					13	6			11		
	7	10			12			4			2			16	
8							11		3		16	1		5	
	15			10		2			5						4
			12	6			14			2		3		13	
						4	1	15	11				12		2
1	12			15	3			16				10		2	
	10				8	13		6	7			15			12
7				16		10			4		13				
4										12	3				7
							10			11				3	15
	3	13		2		11					1		4		
		11		5	13		15				10	16			8
	6	5		12				8	2	13					14

Extreme Sudoku Puzzle #138

13	7	10	8		4	14	3			11					
	14	11									4	9			10
			3			2					12	5	14		
				10		5	12	8			3				
		5	9		3	11						10		7	
	13				12		4	2		1				11	
3		8					13	9	10				12	5	
						8		13		12		6		4	14
6		9		4						13	2				12
		2	13		9		8	4			11		6		
				15					8		10	4			9
	8	12	11	5	13				1						2
7		4	5		1	13	11	3		6				12	
			2	12								13		9	
				7		10	5	15				14	4		
	10						14						8		11

Extreme Sudoku Puzzle #139

	5		12		3			10		11	16				8
	6	8		11				9	15			4			
	7		11				10	5		8		3			6
			13	1		16						7			
			1	13	10	4		7		16				15	
4		7	14			9		11			5				
		6											4		13
						14	1			10			5	7	
1	9	13			6				5					8	
			8	10						3	13		11		4
					16						11		12		10
				8	9		14	6	1		10	2			
10				16			5			1					
	8								6	15			7	14	5
5	14						7				8	6		12	
6		11		9	8		4		14					10	16

Extreme Sudoku Puzzle #140

7	6	12		10					11	3			9	5	
				11	15					4		8	2		
						2	9				13		7	15	10
	10		9	4	7		13							3	
	8			15				5				10			
9		10	13		11		6		2						
		7				10		9		12	3	11			
		3		8		14				11		4	6	7	2
	13				6		16		8				11	10	
2		9	14	12				11				3			8
						5		15	7	6				9	12
		15			13	3			12					2	
			6	9	4			14					8		13
	9		4								5				
		8	2	6		15	12			13			3		1
15					3	13		8					12		

Extreme Sudoku Puzzle #141

11				5	14		10				8	13			7
			12		13				16		7				
		15	16		2	1						10		5	
10	9									14		2		16	
								14		11	13	8	16	10	
				16	5	9			1	15			13		
	13	9				4	15			10					
	4		3	8				16						1	
8	2			14											
15		14		7		13		9				4			
		3	13		9		16	7			10	5		8	
	16		10						3	5		12	15		
	8	7		1	16		9							12	15
3						2		15	14				4		
				15			8			4	3		9		1
			9			12			8	1					13

Extreme Sudoku Puzzle #142

						7	8	1	14			3			
6	4	13	8	2		5						1			
2					4					10					
	16				12	13						11			7
13	14				16			11			8				6
					11		10	3		12			8		
		6	15				1						11	16	
			16		7	8		15					14		
	7	14		9					13	16				11	
		12		4					7			8		2	
		4	9	16	8						10			1	13
	13			7	1	3				9	11	6			
		7	12		14	9	11	4	2						
	9						2		16			13	7		1
8			14							13			12		9
				1				10			7	4			

Extreme Sudoku Puzzle #143

						9		8					1		
	10		14	3				13	11				5		
2	16	11	13			5		14	15				10		
	3					13	1	9	16			15			11
		2	11			6							9		
		5			1				3		4				
						3			10		9	2	6	11	15
				10	16			1						8	
					8	11	10				16			12	
	5		1								10			13	16
8	13			14			15			2				1	
						16	2	7		5		8			9
			16		5	10					6	9			
	2	15		16								5			
	14	7		2							11		8	10	
		1	5				11	16	14	13					3

Extreme Sudoku Puzzle #144

			1	15	8	4					11			2	
		10						13				11		1	
			3	14			6			1	15		13		
	5	15	8			3									
1	10				2					8				11	
4			15		12		5					1	10		
14							1	4	6	16				5	8
12	8			3			15					2		14	
8							3	5	9		2	14			
11		14		13		10		12				3			16
	3		16	5	15				8						
			13	4			14	1					11	10	
				1		15		14	4		13				
	15	6		2	14	12	16	11				13			
				11				8	5				4	3	
		16			13			2	3			10			

Extreme Sudoku Puzzle #145

	2						14	16	3		1				6
13	4					6		2							5
		9		1	13	10		11	5			16			
	16					9				14	12	1		10	
10		13	6		4	2						12			
		12			7	13	8					5			
2				6						7	8	3	1		
	15	7		16		12							14	9	
4					10		16		9	15					
		10			5						7			16	15
	13		5			4				1	10	7	2		12
	6	1									4		13		3
3				8				1	12			13	7		9
	14						6				2				
							7	4		6			3	1	
12	5		4				10	14		3					

Extreme Sudoku Puzzle #146

6	10								13						11
8						14		2	7	5	3				
		3	1	13	9									5	
12		14				3	15						13	10	
15				10	11							14			
						9				6	12				2
				14					5	1	4			9	12
	6	7	8		5						15		16	3	
10	14			15		1	2	12					3		
	5						6	8		10		9		16	
				5		12	3	15			7	13		2	
3	1	8	7				14								
9	13		15		3	5			4		6		10		
		6		16	15	13	12	5	14		10				
		5	2		6						13	7	15		
7								9	12						1

Extreme Sudoku Puzzle #147

13		2		14	15	8	5	12			1				
	16		5		12			8							
				16			3							10	
8	9	6		2	13					14		3	4		
				10		5									
							8	14	15			5		4	11
2	1	11	13	15			16		10		5		8		
	15	16					12		9			14			10
15	14					7		2	1			10			8
7	12				9				8			2	13		
		5								4		9	16		15
		9			1	15	14	7	13	16					
	13	15		5		14		11		2		16			
		14	8				9				7				
10		7	11				1	16		5			14	13	
					10	3				1	9			11	5

Extreme Sudoku Puzzle #148

			11				3	6		14		2	15	4	
	1		14				15	2				12	6		
	5		3	14										11	
		6		9		16				3					
		12		16		3			15		1				
	13	2			1	5		8	10		7				
7									3	2				5	9
					14	9						11	3		13
	12	5		11		1				13			14	2	
				5	4			9		11	15				7
		14			15		16			7			13	6	11
	2	16			9				12	5					
	7		15		11				13	12	8				
		10								15	5		1	12	
	11		1	6	7						16			15	5
8						12			1			4		7	

Extreme Sudoku Puzzle #149

	7	3		2							4	15	6		
	4			8				1			13				
			14							8	6	5	9		4
				11	9	13								14	
1					5	14	6	10	8			3		13	
	8					9	12		1	14					2
			10						2						5
	15				8			5		6		16			11
8	6	4						7	13		16				1
2		14		12				15	4		5			11	
		16		4	15		1			2		14			
12				13	6			14	11				4		10
10		13		14		2			6	5					8
			16								7		10	5	
6			1					13	12	10			15		
11			2			3	16					6			

Extreme Sudoku Puzzle #150

		7		2	5				13					16	3
						4			3	7			12	6	15
		5	10						1	6					
				16	6						15			4	9
9				7				4			5		16		6
			4				3		15	10	1				
		2	16			9						3	5		
		3	7	15	12	10		14			9				
6				9			4	5			3				
13	15					1				14		9	6	3	16
3	1	4	9	11				13						10	7
	10					13		7							14
	13			6					10	11		12		1	
2				13	15			3					4		
		9				14	16				6			13	2
		8	6			5							9	11	

Extreme Sudoku Puzzle #151

		4						7		9					
16			14		12	11						13	8	10	
			13	7		2		5	16			15		11	
				9	16	14	6			4				7	5
4						9			11					2	
					14					5		7			12
2	16		10							14			5		15
15		7			10	5		6	2		8		14		11
								8	5	16		9			
	14		11	6	2		13	15	9						10
		8		14	11	7	16			6	2				
	10					15							11	13	16
13	9		4			1				11		14			
			2						12				15		6
11		10				6	2		14	7	16				
				3	7			10			4	8		12	

Extreme Sudoku Puzzle #152

			8				9			4	7				5
			16	5			1	15	3	2					10
	14			11	3								8		
			2				7		10		8		4		
	3				8	4		2		7	5			11	
1	11			2	15			3		13				12	4
10		7			12			4			15				2
4	15				1		16				12	5			
	1		7			2	3			12				4	
						6		8					15		
				1	5		8	10	6		11	7	2		
	12	5			11	16				1					
2		6			4			5			3	12			8
14		4						1						10	11
			3	16			6		8					5	
5				10		11			9			6		16	3

Extreme Sudoku Puzzle #153

	7				3			9						8	10
	14					6		2			3		9		
16	11	10		12	14	15		13				3			
			8		2				11	12			16		
11	15			9		12								16	
		3		15	10				16	1		2		7	
13	16							10			14		11		
		14	2		5		6				7		12		
4			15	2						3	8				13
							1		15	9	6	14			
	6		13						2		10	15		11	
12						16	7		1						2
	10		14			11				15		6	13		7
		4	16		9			14	13						
		15		3			10	1			9			12	
		11			4		13				2		3	15	

Extreme Sudoku Puzzle #154

9	14								11				13	3	12
	5				1	13			2		15			14	11
	16			2		11		12					1	8	
13						3	8		1		5				6
11		14		16			6			5		7			1
	9		5						12	15	7			16	
12				7		1		13			6			11	15
		6		5	12	4	13				2		14		
						14	5	3		9	16	11		7	13
			7	6	4								3		
			14		9	16		1		12					
3		11								7					
	11	9	13		8		4	7					5		14
		4	12						10					6	
							12	16	8	6	13		4		
	6	1			14			4				8		12	7

Extreme Sudoku Puzzle #155

16		13			10					3		4	8		15
5	8		15		16					6					
		4		8			7		10		2				12
	1							15			7	3	10		2
11	5						6		7			16			
		3			4	2	5		14						
	10				1					16	13	11			
			16					6		1	5		4	14	3
			2			5				14			1		8
6			5	15		16		1						7	10
	7		10			14			3		12		2		
	3	1	14	2		9		16		10		15			
	13	15			6						10		14		
						3	14							2	7
		8	1						13					10	
					15		13	14					3	16	1

Extreme Sudoku Puzzle #156

	9	8							15						6
	15		10					5		12		14	11	16	
5	1				2			4						10	
			11			7	10			14		13		1	
			1	14						11	10			15	
15			2	5			12	14	8		7		3		
		7	3		1		16						2	8	
	8	12		10	7	15	2						16		
			7			9			12		14	1	10		
9	16			11	5		7					12	4		
					12				11	15	9				3
1		3	5												
					6				3	2	12		15		9
		6				11		16					7	14	
				15		16	3				11				10
3						2	14	15	7	6			8	4	

Extreme Sudoku Puzzle #157

	2				1		5			13			11		
			15				2			7	9		14		
							7	3	4	11			8	9	
		6			3		9				8	2		5	
8				5		14					6		16		10
		10				11			7	15	4				
6	4					12			1						
	5					1			2				7	14	
			7	13	9		6	12				11			3
	15		6			7		5				16			
		4	3					13	9		7	6			
	16			4	10		15					5			13
7	6	15	2					9		10		4			
11			13	2		4									5
		3					8				14				15
		9		10					6		5	13			16

Extreme Sudoku Puzzle #158

9	4		14			10	7			11	8				
11						16				1	13		5		
	10	8		12					4			6			
			3		15	9		5			2		12	7	8
	11			8			14						6	9	
			15	9	5				10	12			14		
		12		13					11		1		2		
13			7		11	3		8							5
	3						8	14	15						9
12		14		1						9			7		15
	5	9			13	2	4								
8			11			5							1	2	12
				14		11		12	2			1	15	4	
				2		12		6	13	4	9			8	
4	14	6					1	10				5			
										8		2			7

Extreme Sudoku Puzzle #159

8	4						2								
							5			13		11		12	7
2		12					7	6	4			14			8
7						15	10			14					13
		13				8		3							5
				4	10	14		15		6				3	
	12		3					7			1			2	
6			5		3	13				12			11		
		1		13		4	15			2	7				12
	14	7		11			8		15			4	5		
		3		12					6		14		15		
9		4						11		3			6	14	
12	9		4										3	5	2
	2		8						13				10	4	14
	3			7		6			10	5					15
	10				15				8					13	

Extreme Sudoku Puzzle #160

		3					16		4			8			
	11			1						3				7	
7					6	14	13		2				1	4	
8	9	2			15				6	1	14			10	
12								16		13	10	3			14
1	8		2						12	15					10
				14		10				11	1				15
						6	9	3				13		12	
3	7	10						13	16						1
		6	13		8									14	
					13		12			8		9	15		7
	14		8	4	10		2								
	12	11		3	2					10			8		
	3					13			8		11	15			
15	10			12		1	8			7	13		14		
	6					7	14	1			16	12			

Extreme Sudoku Puzzle #161

	9		13	4	7					11		3		12	
			4		11		1		3			5	6	2	
		7								1	10	11			
8		10							13					15	
						5					8	15	16	7	12
	15	13	16			1		3			7				
	1			2	10					12	5	4			
	5	11		3	13	15			10		2				
13		9				2							8		
		3		16			5				12		10	11	9
11	16			15					7	3		2		4	
	2			8			4			6	1	7			
7								10		2	6		3		
	13						11	12	16				1		8
1		2		7										13	11
3				12		16	8		11					5	

Extreme Sudoku Puzzle #162

			5		4	1	10				14	3	13	12	
4	1			13					12	3	16			8	
11	13					15									7
	12								6					15	9
	8		2				5		15				6		14
5	11	4	13				7								
				8		11	14			2	6		3		
					12				3	5		1			4
	7	10	6									5			11
			4	7	14			8				15			
			15	10			8	3	16	6				13	
		8						13	1		12			6	
		11		15				1	2	4				14	
12				5		4						8	10		
15	6		7	11	10		13						4		
2					8			5		11	3	12	7		

Extreme Sudoku Puzzle #163

				1	14			9				11		16	4
			16	12	10		11				6		15		
14		4	6				2		15				3		
	2	15					16	4	12		11				
				10	6		14	2				12	8		
3	7		8	9				11		12		2		4	
		11	9				4			15		6	10	3	
					13				8		3				9
15	6	8						12	2			3			
	4	2			7			13		9		14	11		
						12			16		14	4		2	
		7			11	8	10			4				1	
12	3					16		14	4	6					
			11				13	3				16			12
	8				2						9		14	10	3
7	10	9		15	8	11									

Extreme Sudoku Puzzle #164

5	16		1	3		14							11	8	
2			7			8	5			10		16	1	3	
3										13			12		
			6		11	13	16	14			7				
					7			9				10			16
	2			1	14	12			8	5					11
12			11								15		4		
		15							12	4	1	5			2
	1		8			5					12	6			
							3		10	6		8	15	1	
7	11	14			16		4								10
	4			2			13			7	3				
	10	7	5					4			2		16		1
	14		3					12			16		8	2	
	8	1		4				7		3			5	9	
				14	2	1			11					4	

Extreme Sudoku Puzzle #165

						1	9	5		12	15	3	7	8	
	12	8							11		16			4	15
1					12	5		10		9				6	
4	5				10			3		1					
3			6	5	2			12					8		
		16	14					7	6		5	15			
		12	11						8	10			3		9
					4		10				9		14		7
						16	1	11	15	3	6				
	14		4			15	12		10						
8		3	7		11		4								
	16							8				1	10	7	5
					3		2			6	12	11		10	4
6			1	10					9			12		15	
2					7		11			15			6		
	4	14	8				16		1		3				

Extreme Sudoku Puzzle #166

		6	2		3		10	8	13	12		16			
	14			9			16								12
		13				8						3	6		9
	12						5		7	6	14				
	2		11		13				16		6	10	9	3	5
				7	16			4		11					
14	6				1								13	2	
10	9		15			2					7				8
7				10		3					12	2			14
		14	10	5	12					7	9				
5										3			12		13
13		3				6					1				
		15	7	3		12		2	6					10	
			6	8					10				3	16	
8			14	6		9		7				5	11		
3		10					2		5		13			9	

Extreme Sudoku Puzzle #167

	3			14				8	7			15			1
5							13	12			14	2	6		
	2	6			4					13	15		3		12
					7	12				6		14		4	
	1	13			10						16		7		
6		9	10	13		15			4		7				
		15		1					10				14		9
12			7		11			5		1				15	
1			11	8			14			4	5	12			13
2		10	14				3				13		5	7	
						7		3							
	7	4			12	10	16		11			1			
10			2			3			5			4			15
		12		4				14				16			
		1	6	7					3				10	12	
4					6	14	12		13			5			

Extreme Sudoku Puzzle #168

10		2			8				9			16	7		13
4	1				9	11						15		14	
		5			7			2		1	8			4	
	3	16		14							4	6			
16		1	7					8							
	14		15						13		3	2	9		
13							10	11							
9			3		14	15			16				1		10
	9		16	7				1	8				14	15	11
	11	10		13					7			4		16	2
2		12		4		14	1				11			10	
						8		16		6		1			
				1	10		5			16		7	11	13	14
					15	4									6
	4						13	3	2	9	14		15		
	13			8			11			7		9	2		

Extreme Sudoku Puzzle #169

	13				3			14		15		11			
	12									7		14		9	
			14	1			12								7
					16	11		3	2		4	13	10		
	11			14		7	13	12		3					
2	14				6		11				1	5		4	
		6	1								5		9		
3		5			4				9	13				2	
	9						2	7			13		4		
11			12		7				4	5	9			15	
6	15	4		13		5				11		2			
			5	15		14							1		12
13			4				15		5				2		11
12		3		4			5	13				10			
1		8	11					4	6			12			
	5					16	10							14	15

Extreme Sudoku Puzzle #170

		2						9	8	1	6		10		
			15	8			3	12						4	6
	6		4	12		13									5
		13	10	15	2				7	4			1	12	
15	13	12			1			7							
2					4	7		6			3				
				5					14	12		4			8
	7			3			13	10				9			
			5	14			7				10	1			
1			13		12						15	8		16	
	4	7	11		10				1	3	9	14			
	12			4	8	9								11	
		4				14	9			15	1	2	8		
	8				13				9	7			14	1	
	5	10	3								8				
							12		2			13	9	10	3

Extreme Sudoku Puzzle #171

3			2	1	7		9		5	11					
	13		11		3			15		9		8			10
	6	15			11			10				3		9	
	7				5	13			14			2			
							15		2		10		11		14
6	14					10		8	15					16	9
8							2		3			13			
13						9	11			14	7	12		8	
	1			13					10		11	14			
								14		5			8		7
		14		4			10					9		3	6
	9	12	15	3						8					
			5						7	10			15	12	
		1	10	14		11		6					7		
7	12	6						3		13	14		5		
					6	2	13	5							

Extreme Sudoku Puzzle #172

14	16						2	13		7		6			1
			3	9	5	7					6				
11	9			1				14	4	8				15	
	15	7				16						2	8		4
1		16			6			15			5	8			
	7	14						9			10	15	6		
		15		13	8	4				14	1				9
								8		16				2	7
3			14	2	10			1				4	5	6	
	11			3	1		7	2				9			15
	10			6			16		14					3	
	6	1				13	15	10					7		8
9	3	4		15	14				10						2
5					16		1			9					
			6	11							15				5
	14		1		2			6	3		13			10	

Extreme Sudoku Puzzle #173

15				11		3		7		6			13		
		13		6			9		16				8	14	12
	9	16	5	15	12	1							6		11
		1		8	14				15	9	11				4
												4	2	11	13
1			8	5		15									9
	12		6				11				8	1			
3			9				4		7		5			10	
5	13							9		11	6	12			7
	14			9	1			3			7				
		15	16			14	2			13		5			
6						13			12						1
		9	3		8	10			5			14		12	
7					5	6		14		10			3		
14		12			9			6			3		5	4	
			2		3			1			12		11		

Extreme Sudoku Puzzle #174

		15		12		3				11				6	14
	12	4	2								14				
16										2			12		13
		9	3			4	6						16		
						9	4		13	15					6
	3		14			11	7		5			9		12	
					12		1	16				7			
15	9	1			3				11		12	4			
			7				12	2							
		14		7	8	6	3		16						
4				14			2	13	6	12			15	16	
13	10					15					3				
		16	11			14	13	6					4		3
3	7							14	9		4	15	1		
		12		5	15		16	7			8	2			
	2		1							16	15	12	9		

Solutions

Solution #1

16	5	9	3	7	15	13	2	8	10	6	1	12	4	14	11
8	13	7	15	12	6	16	1	4	3	11	14	10	9	2	5
6	11	10	2	5	3	14	4	9	12	16	13	1	8	7	15
12	4	1	14	10	11	8	9	5	15	7	2	16	6	3	13
11	2	6	7	3	12	10	8	14	16	1	9	5	15	13	4
9	14	8	13	4	5	2	6	12	7	3	15	11	16	1	10
4	10	15	12	16	13	1	14	11	5	8	6	3	2	9	7
5	16	3	1	11	7	9	15	2	13	4	10	6	14	12	8
7	3	12	11	1	4	15	16	6	8	2	5	9	13	10	14
15	8	5	4	13	10	12	7	16	14	9	11	2	1	6	3
13	1	16	9	14	2	6	11	3	4	10	7	8	5	15	12
2	6	14	10	9	8	5	3	13	1	15	12	4	7	11	16
10	15	11	6	8	1	3	13	7	9	5	16	14	12	4	2
1	12	4	8	2	16	7	10	15	6	14	3	13	11	5	9
14	7	2	5	6	9	4	12	10	11	13	8	15	3	16	1
3	9	13	16	15	14	11	5	1	2	12	4	7	10	8	6

Solution #2

3	15	13	14	8	5	16	4	11	9	7	2	12	1	10	6
7	2	4	10	1	14	12	11	15	16	3	6	9	5	8	13
16	6	12	8	7	9	2	13	5	1	4	10	3	11	14	15
9	11	5	1	3	10	6	15	14	12	8	13	16	7	4	2
1	5	6	9	12	2	13	10	3	7	16	11	8	4	15	14
15	10	8	2	6	3	7	16	9	13	14	4	5	12	1	11
11	3	7	13	9	8	4	14	12	5	15	1	2	6	16	10
12	4	14	16	11	1	15	5	10	6	2	8	13	9	3	7
13	7	15	4	2	11	10	9	1	14	5	16	6	8	12	3
6	14	9	11	16	4	1	12	7	8	10	3	15	2	13	5
2	8	1	12	14	15	5	3	13	11	6	9	10	16	7	4
5	16	10	3	13	7	8	6	2	4	12	15	1	14	11	9
10	13	11	15	5	12	14	1	8	2	9	7	4	3	6	16
4	9	3	5	15	16	11	8	6	10	1	14	7	13	2	12
8	12	2	6	4	13	3	7	16	15	11	5	14	10	9	1
14	1	16	7	10	6	9	2	4	3	13	12	11	15	5	8

Solution #3

13	7	15	11	8	10	5	1	16	12	3	2	4	6	14	9
9	3	14	1	16	4	12	6	7	11	5	8	2	15	13	10
2	8	6	5	3	11	15	9	10	4	13	14	16	7	12	1
4	10	12	16	7	13	2	14	15	9	6	1	8	5	11	3
10	14	13	7	4	1	11	8	2	15	9	12	5	3	6	16
1	4	5	3	6	12	16	2	8	10	14	7	9	11	15	13
8	15	11	12	10	9	7	3	5	6	16	13	1	4	2	14
16	6	2	9	5	14	13	15	11	3	1	4	7	10	8	12
14	13	9	15	2	6	1	7	3	16	10	5	11	12	4	8
7	5	1	4	13	16	9	10	6	8	12	11	14	2	3	15
12	16	3	2	15	5	8	11	13	14	4	9	6	1	10	7
6	11	8	10	12	3	14	4	1	7	2	15	13	16	9	5
5	12	10	8	9	7	6	13	4	1	11	3	15	14	16	2
15	9	4	6	1	8	3	16	14	2	7	10	12	13	5	11
11	1	16	13	14	2	10	12	9	5	15	6	3	8	7	4
3	2	7	14	11	15	4	5	12	13	8	16	10	9	1	6

Solution #4

7	16	12	2	11	8	15	4	14	10	6	5	1	3	13	9
11	15	8	3	9	13	2	6	4	1	16	12	14	7	10	5
14	4	9	6	1	16	5	10	7	8	3	13	12	11	2	15
13	10	5	1	12	7	14	3	15	2	9	11	16	4	6	8
6	2	13	8	5	12	4	7	10	16	14	3	11	9	15	1
5	7	16	14	15	11	10	8	2	12	1	9	6	13	4	3
1	12	10	9	14	6	3	16	11	15	13	4	5	2	8	7
4	3	11	15	13	2	9	1	5	6	7	8	10	12	14	16
10	13	2	12	16	14	6	5	9	3	4	7	15	8	1	11
3	8	15	7	4	1	13	12	6	11	10	14	9	5	16	2
9	1	6	11	2	10	7	15	12	5	8	16	4	14	3	13
16	14	4	5	8	3	11	9	1	13	2	15	7	6	12	10
8	9	7	4	3	5	1	13	16	14	15	6	2	10	11	12
2	11	1	16	6	9	8	14	13	7	12	10	3	15	5	4
12	6	3	10	7	15	16	11	8	4	5	2	13	1	9	14
15	5	14	13	10	4	12	2	3	9	11	1	8	16	7	6

Solution #5

3	10	8	1	2	5	9	11	16	15	4	6	14	12	13	7
12	9	13	15	16	6	14	4	3	7	2	11	1	8	10	5
16	7	5	2	3	8	12	13	10	9	1	14	11	15	4	6
14	6	4	11	10	1	7	15	8	5	12	13	3	2	16	9
6	4	11	12	8	15	5	14	13	1	3	7	2	16	9	10
10	13	15	14	12	9	3	16	5	2	6	4	7	11	1	8
7	5	1	9	11	2	10	6	15	8	16	12	4	13	14	3
2	16	3	8	7	4	13	1	9	11	14	10	6	5	12	15
4	2	10	16	14	3	8	5	12	6	11	9	15	1	7	13
8	14	6	3	4	11	1	2	7	16	13	15	10	9	5	12
15	11	12	13	6	7	16	9	4	10	5	1	8	14	3	2
5	1	9	7	13	10	15	12	14	3	8	2	16	4	6	11
9	12	7	5	1	16	6	8	2	14	15	3	13	10	11	4
1	8	14	10	15	13	11	3	6	4	9	5	12	7	2	16
13	15	2	6	9	14	4	7	11	12	10	16	5	3	8	1
11	3	16	4	5	12	2	10	1	13	7	8	9	6	15	14

Solution #6

6	2	15	3	5	11	7	16	10	1	8	4	9	14	13	12
14	8	9	7	13	4	2	1	3	11	6	12	5	10	16	15
16	4	1	13	9	6	12	10	2	15	14	5	11	3	8	7
10	11	12	5	15	8	3	14	9	7	13	16	2	1	4	6
11	10	16	12	6	15	13	2	14	8	5	7	3	9	1	4
8	1	7	4	11	14	5	3	13	16	12	9	10	15	6	2
3	14	6	2	7	10	8	9	11	4	15	1	13	5	12	16
13	15	5	9	1	16	4	12	6	2	3	10	7	11	14	8
2	16	10	15	12	7	6	11	8	13	1	3	14	4	5	9
9	12	13	6	8	1	15	4	5	10	2	14	16	7	11	3
4	3	8	11	10	2	14	5	16	9	7	6	1	12	15	13
5	7	14	1	16	3	9	13	15	12	4	11	6	8	2	10
12	9	11	8	3	13	16	15	1	5	10	2	4	6	7	14
7	5	4	16	14	9	10	8	12	6	11	13	15	2	3	1
15	6	3	10	2	5	1	7	4	14	16	8	12	13	9	11
1	13	2	14	4	12	11	6	7	3	9	15	8	16	10	5

Solution #7

7	9	2	16	8	12	14	10	11	5	15	13	1	4	6	3
11	15	1	14	3	16	9	7	6	4	10	12	13	2	8	5
13	8	4	5	11	1	6	15	7	14	3	2	16	10	12	9
6	10	12	3	5	2	13	4	8	16	1	9	11	15	7	14
15	2	10	4	12	5	16	13	14	1	11	3	7	6	9	8
1	6	9	13	7	14	10	2	5	12	8	16	15	11	3	4
5	12	14	11	6	4	3	8	10	9	7	15	2	1	13	16
16	3	8	7	1	11	15	9	13	6	2	4	12	5	14	10
14	5	6	12	10	8	11	3	4	13	16	1	9	7	15	2
2	7	16	1	14	6	12	5	3	15	9	10	8	13	4	11
4	13	3	9	15	7	2	1	12	8	5	11	14	16	10	6
10	11	15	8	9	13	4	16	2	7	6	14	5	3	1	12
9	1	13	6	2	15	5	14	16	10	4	8	3	12	11	7
8	4	5	2	13	9	7	11	15	3	12	6	10	14	16	1
3	16	7	15	4	10	1	12	9	11	14	5	6	8	2	13
12	14	11	10	16	3	8	6	1	2	13	7	4	9	5	15

Solution #8

3	9	10	7	6	4	11	13	1	14	8	15	16	12	2	5
6	12	8	15	2	14	5	16	7	4	10	3	11	1	13	9
5	1	4	11	7	3	10	12	16	2	9	13	15	6	14	8
2	16	14	13	8	9	1	15	6	12	11	5	7	3	10	4
15	5	11	12	9	13	16	4	2	1	6	14	8	10	3	7
8	6	13	4	1	10	2	11	15	16	3	7	9	14	5	12
16	7	9	2	15	5	14	3	11	10	12	8	13	4	1	6
14	10	1	3	12	7	8	6	13	5	4	9	2	11	15	16
4	11	15	1	5	16	9	8	14	7	2	10	12	13	6	3
7	3	12	5	14	6	4	2	8	9	13	11	1	15	16	10
10	14	16	9	11	15	13	7	3	6	1	12	4	5	8	2
13	2	6	8	10	12	3	1	4	15	5	16	14	7	9	11
11	8	3	10	16	1	7	9	12	13	15	6	5	2	4	14
1	13	5	6	4	8	12	14	10	11	16	2	3	9	7	15
12	15	7	16	13	2	6	5	9	3	14	4	10	8	11	1
9	4	2	14	3	11	15	10	5	8	7	1	6	16	12	13

Solution #9

1	9	14	6	7	2	3	10	8	12	16	13	5	11	4	15
15	2	16	4	12	9	11	5	3	7	14	1	6	13	10	8
8	13	5	11	15	6	14	1	9	10	4	2	16	12	7	3
3	12	10	7	16	13	4	8	5	6	11	15	1	2	14	9
2	16	6	10	4	14	8	13	15	5	1	12	7	3	9	11
12	14	9	8	6	16	5	11	10	3	7	4	2	1	15	13
5	1	7	3	9	10	2	15	13	14	8	11	4	6	12	16
11	15	4	13	3	1	12	7	6	16	2	9	10	14	8	5
10	3	1	16	11	12	6	9	7	13	5	14	8	15	2	4
4	5	12	9	1	7	16	3	2	15	6	8	11	10	13	14
7	8	2	14	5	15	13	4	16	11	12	10	3	9	1	6
6	11	13	15	2	8	10	14	4	1	9	3	12	16	5	7
16	4	3	2	13	11	9	12	1	8	15	7	14	5	6	10
13	10	15	5	14	4	7	6	12	2	3	16	9	8	11	1
14	7	8	12	10	5	1	16	11	9	13	6	15	4	3	2
9	6	11	1	8	3	15	2	14	4	10	5	13	7	16	12

Solution #10

4	7	11	15	2	8	12	14	6	16	10	9	3	1	5	13
6	16	13	5	3	11	9	10	8	15	2	1	4	12	14	7
9	8	3	1	13	6	7	5	4	11	12	14	16	10	15	2
10	2	14	12	15	16	4	1	5	7	13	3	8	6	9	11
13	4	1	3	7	5	6	9	10	12	16	15	2	8	11	14
14	11	2	6	4	3	8	15	9	13	1	5	12	16	7	10
16	5	7	10	11	14	1	12	2	4	8	6	15	3	13	9
8	15	12	9	10	13	2	16	3	14	7	11	1	5	6	4
5	3	4	14	16	10	11	8	15	9	6	13	7	2	12	1
12	1	10	8	14	2	13	3	11	5	4	7	9	15	16	6
15	9	6	2	1	12	5	7	16	10	14	8	13	11	4	3
7	13	16	11	9	4	15	6	1	2	3	12	10	14	8	5
2	10	9	16	12	7	3	11	14	8	5	4	6	13	1	15
11	14	8	13	6	15	10	4	12	1	9	2	5	7	3	16
1	6	5	7	8	9	14	2	13	3	15	16	11	4	10	12
3	12	15	4	5	1	16	13	7	6	11	10	14	9	2	8

Solution #11

10	14	12	6	16	2	8	4	11	9	13	5	1	3	15	7
13	3	5	9	11	6	12	10	14	15	1	7	2	8	16	4
16	2	1	11	9	7	13	15	6	4	3	8	12	5	10	14
15	8	7	4	1	5	14	3	12	16	2	10	13	11	6	9
2	7	14	15	12	4	10	1	9	6	5	13	8	16	11	3
9	5	3	16	6	11	7	14	15	10	8	2	4	1	12	13
1	11	8	12	2	9	15	13	4	7	16	3	6	14	5	10
4	6	10	13	8	16	3	5	1	12	11	14	15	7	9	2
3	9	4	1	13	8	16	7	10	2	15	6	5	12	14	11
12	15	6	8	5	14	9	11	3	1	7	4	10	2	13	16
11	13	16	14	3	10	1	2	5	8	12	9	7	6	4	15
7	10	2	5	15	12	4	6	16	13	14	11	3	9	8	1
5	1	15	10	4	3	2	12	8	11	9	16	14	13	7	6
8	12	9	2	10	13	6	16	7	14	4	1	11	15	3	5
14	4	13	3	7	15	11	9	2	5	6	12	16	10	1	8
6	16	11	7	14	1	5	8	13	3	10	15	9	4	2	12

Solution #12

2	4	15	11	13	14	5	9	12	1	6	10	16	7	8	3
7	1	6	9	3	8	2	10	5	16	4	14	11	13	15	12
14	12	3	8	11	15	6	16	9	7	13	2	4	5	10	1
16	10	13	5	1	7	12	4	8	11	15	3	6	9	14	2
5	14	2	7	9	3	10	12	4	6	11	16	13	8	1	15
8	9	12	6	5	2	13	14	10	15	3	1	7	11	16	4
3	11	10	13	4	1	16	15	2	5	7	8	14	12	6	9
15	16	1	4	8	6	7	11	13	12	14	9	2	3	5	10
4	7	14	15	12	5	3	6	1	8	9	11	10	16	2	13
10	3	11	16	15	13	14	1	7	2	5	4	12	6	9	8
12	13	5	2	10	4	9	8	14	3	16	6	1	15	7	11
9	6	8	1	7	16	11	2	15	10	12	13	5	4	3	14
1	8	16	10	6	9	4	5	11	13	2	15	3	14	12	7
6	15	4	14	16	11	1	7	3	9	10	12	8	2	13	5
13	2	7	12	14	10	15	3	6	4	8	5	9	1	11	16
11	5	9	3	2	12	8	13	16	14	1	7	15	10	4	6

Solution #13

14	8	10	13	3	1	12	16	2	4	15	9	7	11	5	6
12	3	15	4	14	10	9	6	8	7	11	5	13	2	1	16
5	1	9	6	15	2	11	7	14	10	16	13	12	3	8	4
7	2	11	16	4	5	8	13	6	3	12	1	9	15	14	10
10	9	16	8	2	4	3	15	7	6	14	11	1	5	13	12
6	12	5	1	8	16	13	14	3	15	10	4	2	7	9	11
11	14	3	15	1	6	7	9	12	5	13	2	4	10	16	8
13	4	7	2	11	12	10	5	9	8	1	16	3	14	6	15
15	16	12	3	7	14	1	2	13	11	5	8	10	6	4	9
4	13	1	10	16	9	5	8	15	14	7	6	11	12	3	2
8	6	2	11	13	3	15	10	4	1	9	12	14	16	7	5
9	5	14	7	6	11	4	12	10	16	2	3	8	1	15	13
3	11	13	14	9	7	2	4	5	12	6	15	16	8	10	1
1	15	6	9	12	13	14	3	16	2	8	10	5	4	11	7
2	7	8	5	10	15	16	11	1	9	4	14	6	13	12	3
16	10	4	12	5	8	6	1	11	13	3	7	15	9	2	14

Solution #14

6	12	7	14	15	3	8	5	4	2	1	11	13	10	16	9
10	11	5	13	4	7	14	16	9	15	6	3	2	12	8	1
2	9	1	4	11	13	10	6	5	8	16	12	15	7	14	3
16	8	3	15	1	12	2	9	14	10	13	7	5	11	4	6
12	13	10	16	6	4	11	2	7	14	8	5	1	3	9	15
11	1	4	6	8	10	5	12	13	9	3	15	16	14	2	7
9	15	2	5	16	14	7	3	6	1	10	4	11	8	12	13
3	14	8	7	13	9	15	1	12	16	11	2	6	5	10	4
7	5	6	1	14	16	9	8	15	4	2	10	12	13	3	11
13	16	9	12	7	11	1	10	3	6	5	14	4	2	15	8
15	2	11	3	12	6	13	4	16	7	9	8	14	1	5	10
4	10	14	8	5	2	3	15	11	13	12	1	7	9	6	16
8	3	16	11	10	5	6	14	1	12	15	13	9	4	7	2
14	4	13	2	3	15	16	11	10	5	7	9	8	6	1	12
1	6	12	10	9	8	4	7	2	11	14	16	3	15	13	5
5	7	15	9	2	1	12	13	8	3	4	6	10	16	11	14

Solution #15

4	16	15	6	12	1	10	2	9	11	5	3	14	7	8	13
3	11	8	10	6	9	16	15	1	14	13	7	5	2	4	12
7	13	12	2	3	4	14	5	6	8	16	10	15	1	9	11
5	1	9	14	7	11	8	13	4	2	12	15	16	3	6	10
15	10	14	1	11	16	12	4	2	6	7	13	3	8	5	9
12	2	5	4	14	15	6	1	11	3	8	9	7	13	10	16
16	6	3	11	13	8	9	7	12	10	14	5	1	15	2	4
8	7	13	9	5	10	2	3	15	4	1	16	12	6	11	14
1	4	2	12	8	6	3	10	14	5	9	11	13	16	15	7
11	3	10	13	9	5	4	16	8	7	15	1	2	14	12	6
9	8	16	7	1	13	15	14	10	12	6	2	11	4	3	5
14	15	6	5	2	12	7	11	13	16	3	4	9	10	1	8
10	12	4	8	16	3	13	9	5	1	2	14	6	11	7	15
13	14	11	15	4	7	1	6	3	9	10	12	8	5	16	2
6	5	7	3	15	2	11	12	16	13	4	8	10	9	14	1
2	9	1	16	10	14	5	8	7	15	11	6	4	12	13	3

Solution #16

5	7	14	4	1	15	2	3	12	6	8	11	13	16	9	10
9	2	12	6	8	11	14	16	7	5	10	13	15	4	1	3
10	11	16	8	6	7	4	13	15	9	3	1	2	5	14	12
3	13	15	1	9	5	10	12	2	14	4	16	11	8	6	7
11	8	9	15	4	14	13	10	1	12	6	5	16	3	7	2
14	12	10	16	3	8	6	5	13	7	15	2	9	11	4	1
1	3	7	13	11	16	12	2	9	10	14	4	5	15	8	6
2	4	6	5	15	9	1	7	3	11	16	8	10	14	12	13
8	15	11	7	5	13	16	4	10	2	9	6	12	1	3	14
6	14	1	3	10	12	11	15	8	13	5	7	4	9	2	16
4	5	13	9	7	2	8	1	16	3	12	14	6	10	11	15
16	10	2	12	14	3	9	6	4	1	11	15	7	13	5	8
12	9	4	14	16	1	5	8	6	15	2	10	3	7	13	11
15	16	3	2	13	4	7	9	11	8	1	12	14	6	10	5
7	6	8	11	2	10	3	14	5	16	13	9	1	12	15	4
13	1	5	10	12	6	15	11	14	4	7	3	8	2	16	9

Solution #17

12	1	9	16	4	2	7	11	13	5	6	14	3	10	15	8
10	3	2	11	14	13	12	5	8	1	9	15	4	16	7	6
5	4	6	15	9	10	16	8	11	7	2	3	12	13	14	1
13	8	14	7	15	6	1	3	4	12	10	16	11	9	5	2
3	12	1	10	7	11	5	4	15	2	14	9	13	8	6	16
2	15	5	8	12	9	3	16	1	11	13	6	14	4	10	7
14	11	4	9	2	15	13	6	10	16	8	7	1	12	3	5
16	13	7	6	8	1	10	14	12	4	3	5	9	11	2	15
11	16	8	1	3	12	4	15	14	6	7	13	5	2	9	10
6	5	10	13	11	7	9	1	3	8	16	2	15	14	12	4
15	2	12	4	16	5	14	13	9	10	11	1	6	7	8	3
9	7	3	14	10	8	6	2	5	15	4	12	16	1	11	13
7	6	13	2	5	4	8	12	16	9	15	11	10	3	1	14
8	10	11	5	13	14	15	9	2	3	1	4	7	6	16	12
1	14	16	12	6	3	11	10	7	13	5	8	2	15	4	9
4	9	15	3	1	16	2	7	6	14	12	10	8	5	13	11

Solution #18

2	12	6	8	15	7	13	11	5	1	4	10	14	9	3	16
5	7	1	13	2	4	12	6	14	16	3	9	10	8	11	15
3	15	9	16	10	5	8	14	6	7	13	11	2	1	12	4
4	14	10	11	1	3	16	9	8	15	2	12	5	13	7	6
16	2	12	15	13	14	4	7	3	5	9	1	8	11	6	10
9	10	7	1	11	2	15	12	16	13	6	8	4	3	5	14
6	11	13	3	8	1	9	5	10	14	15	4	16	7	2	12
14	8	5	4	6	10	3	16	7	12	11	2	1	15	13	9
7	16	11	2	9	15	14	10	12	3	1	6	13	5	4	8
8	4	14	10	5	13	2	1	11	9	16	7	6	12	15	3
12	1	3	6	16	11	7	8	13	4	5	15	9	14	10	2
13	9	15	5	4	12	6	3	2	8	10	14	7	16	1	11
15	6	8	7	14	9	10	2	1	11	12	13	3	4	16	5
1	5	16	14	12	6	11	4	9	2	7	3	15	10	8	13
10	3	4	12	7	8	5	13	15	6	14	16	11	2	9	1
11	13	2	9	3	16	1	15	4	10	8	5	12	6	14	7

Solution #19

10	14	9	3	11	2	15	1	6	13	4	7	12	16	5	8
1	16	13	8	7	5	10	12	11	3	9	2	4	14	15	6
12	15	4	5	14	13	9	6	10	8	16	1	7	11	3	2
11	6	2	7	3	4	16	8	15	14	12	5	1	10	13	9
14	11	5	4	16	12	3	9	7	1	6	15	8	13	2	10
9	13	10	6	5	8	4	2	12	11	14	3	15	7	1	16
15	3	16	2	6	7	1	14	9	10	8	13	5	4	12	11
8	7	12	1	15	10	11	13	4	2	5	16	14	6	9	3
5	10	3	11	2	9	8	7	16	4	13	12	6	1	14	15
7	9	8	15	13	11	5	16	2	6	1	14	3	12	10	4
16	2	6	12	1	3	14	4	5	7	15	10	11	9	8	13
13	4	1	14	10	6	12	15	3	9	11	8	2	5	16	7
6	12	7	10	8	16	2	11	14	5	3	9	13	15	4	1
3	5	14	16	4	1	13	10	8	15	7	11	9	2	6	12
4	1	15	9	12	14	7	3	13	16	2	6	10	8	11	5
2	8	11	13	9	15	6	5	1	12	10	4	16	3	7	14

Solution #20

3	14	13	2	6	16	10	1	11	12	5	8	4	7	15	9
7	6	4	15	13	9	3	11	2	1	16	10	8	14	12	5
11	16	8	1	12	15	4	5	14	6	7	9	2	10	3	13
5	10	12	9	14	8	7	2	4	15	3	13	6	11	1	16
9	5	16	8	2	10	12	4	6	7	13	15	14	3	11	1
6	7	14	10	15	5	8	3	9	16	1	11	13	12	2	4
12	2	3	13	16	1	11	9	8	10	14	4	15	6	5	7
15	1	11	4	7	6	14	13	5	3	12	2	10	16	9	8
2	8	6	5	4	3	13	16	7	11	15	14	1	9	10	12
1	12	10	16	5	11	9	15	13	8	4	3	7	2	6	14
13	3	7	11	10	12	1	14	16	9	2	6	5	4	8	15
4	15	9	14	8	7	2	6	1	5	10	12	3	13	16	11
10	9	2	3	11	14	15	7	12	4	8	5	16	1	13	6
8	13	5	6	1	4	16	12	3	2	11	7	9	15	14	10
14	4	1	12	9	2	5	10	15	13	6	16	11	8	7	3
16	11	15	7	3	13	6	8	10	14	9	1	12	5	4	2

Solution #21

6	14	12	8	15	9	10	2	4	7	3	13	11	1	5	16
16	3	1	9	12	11	14	4	5	2	10	15	6	7	8	13
2	7	10	11	5	13	3	6	8	12	1	16	4	15	9	14
4	5	13	15	8	16	7	1	9	14	6	11	2	3	10	12
8	15	14	3	7	5	11	10	13	6	9	1	16	4	12	2
5	4	2	1	16	12	15	13	14	10	8	3	9	6	11	7
12	11	6	13	3	1	2	9	16	15	4	7	8	10	14	5
10	9	7	16	6	8	4	14	12	5	11	2	1	13	15	3
11	13	4	7	1	2	5	12	10	8	15	14	3	9	16	6
3	1	16	14	11	10	8	15	7	9	5	6	13	12	2	4
9	10	8	2	4	14	6	3	1	13	16	12	15	5	7	11
15	12	5	6	9	7	13	16	3	11	2	4	14	8	1	10
14	8	11	10	13	4	16	7	6	1	12	9	5	2	3	15
13	16	9	5	2	3	12	11	15	4	7	8	10	14	6	1
1	2	15	12	14	6	9	5	11	3	13	10	7	16	4	8
7	6	3	4	10	15	1	8	2	16	14	5	12	11	13	9

Solution #22

2	6	5	12	15	14	1	16	3	4	13	9	11	8	10	7
16	15	1	14	13	8	7	5	6	10	12	11	4	3	2	9
10	11	8	7	4	2	9	3	15	1	14	16	6	13	12	5
3	13	4	9	11	12	6	10	8	5	2	7	14	16	15	1
12	5	2	4	7	6	15	9	10	14	11	13	8	1	16	3
15	7	9	10	1	16	5	12	2	3	6	8	13	11	4	14
13	1	11	3	10	4	8	14	9	12	16	15	5	7	6	2
8	14	6	16	2	13	3	11	5	7	1	4	15	10	9	12
5	3	13	11	8	9	12	6	16	2	10	1	7	15	14	4
9	4	15	6	3	1	2	13	12	8	7	14	10	5	11	16
7	2	12	1	14	10	16	15	4	11	5	6	3	9	13	8
14	10	16	8	5	11	4	7	13	9	15	3	12	2	1	6
11	9	14	5	6	15	13	2	7	16	3	12	1	4	8	10
4	16	10	13	12	3	14	8	1	15	9	5	2	6	7	11
6	8	3	2	9	7	11	1	14	13	4	10	16	12	5	15
1	12	7	15	16	5	10	4	11	6	8	2	9	14	3	13

Solution #23

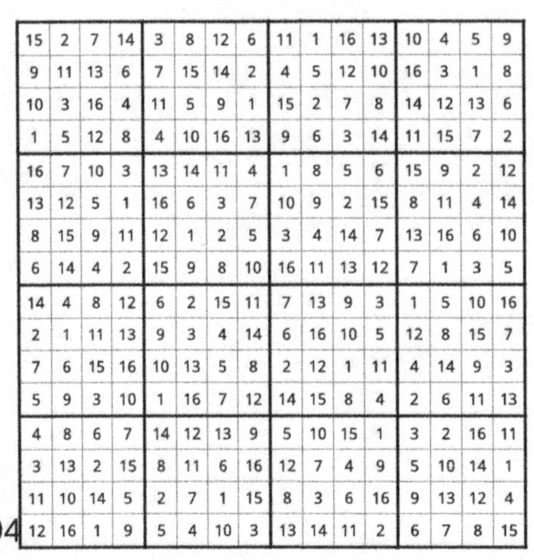

15	2	7	14	3	8	12	6	11	1	16	13	10	4	5	9
9	11	13	6	7	15	14	2	4	5	12	10	16	3	1	8
10	3	16	4	11	5	9	1	15	2	7	8	14	12	13	6
1	5	12	8	4	10	16	13	9	6	3	14	11	15	7	2
16	7	10	3	13	14	11	4	1	8	5	6	15	9	2	12
13	12	5	1	16	6	3	7	10	9	2	15	8	11	4	14
8	15	9	11	12	1	2	5	3	4	14	7	13	16	6	10
6	14	4	2	15	9	8	10	16	11	13	12	7	1	3	5
14	4	8	12	6	2	15	11	7	13	9	3	1	5	10	16
2	1	11	13	9	3	4	14	6	16	10	5	12	8	15	7
7	6	15	16	10	13	5	8	2	12	1	11	4	14	9	3
5	9	3	10	1	16	7	12	14	15	8	4	2	6	11	13
4	8	6	7	14	12	13	9	5	10	15	1	3	2	16	11
3	13	2	15	8	11	6	16	12	7	4	9	5	10	14	1
11	10	14	5	2	7	1	15	8	3	6	16	9	13	12	4
12	16	1	9	5	4	10	3	13	14	11	2	6	7	8	15

Solution #24

16	6	4	3	10	12	14	1	2	5	15	7	11	13	8	9
2	9	5	11	13	6	4	7	14	3	1	8	10	15	16	12
14	1	10	8	15	9	2	11	4	12	16	13	7	3	5	6
15	13	12	7	16	3	8	5	9	11	10	6	1	2	4	14
8	2	15	14	7	13	3	12	10	9	11	1	5	4	6	16
9	12	13	1	8	10	11	15	16	6	4	5	3	7	14	2
11	3	16	5	9	2	6	4	8	14	7	12	13	10	15	1
6	4	7	10	1	5	16	14	3	15	13	2	12	11	9	8
1	10	9	4	3	11	7	6	5	13	14	16	8	12	2	15
12	16	14	2	4	8	5	10	1	7	3	15	9	6	13	11
7	5	3	6	2	14	15	13	12	8	9	11	4	16	1	10
13	11	8	15	12	1	9	16	6	10	2	4	14	5	7	3
3	15	6	12	5	7	1	2	11	4	8	14	16	9	10	13
5	7	11	16	14	15	10	8	13	2	12	9	6	1	3	4
4	8	2	9	11	16	13	3	7	1	6	10	15	14	12	5
10	14	1	13	6	4	12	9	15	16	5	3	2	8	11	7

Solution #25

16	5	2	3	12	7	4	15	9	10	13	11	6	8	14	1
1	9	12	15	10	2	11	14	16	4	8	6	3	5	13	7
14	11	6	8	9	16	3	13	2	5	7	1	15	4	10	12
4	13	10	7	1	5	6	8	12	3	14	15	11	16	2	9
12	8	1	14	11	9	15	4	3	6	5	2	13	10	7	16
5	6	13	2	3	10	7	1	14	16	11	9	4	12	8	15
7	3	4	10	14	13	5	16	8	1	15	12	2	11	9	6
15	16	11	9	2	12	8	6	13	7	4	10	14	1	5	3
2	1	9	6	8	3	16	10	15	14	12	4	5	7	11	13
11	12	5	13	6	14	9	2	1	8	16	7	10	3	15	4
10	14	3	16	15	4	12	7	11	13	2	5	1	9	6	8
8	15	7	4	5	1	13	11	6	9	10	3	12	2	16	14
3	4	8	1	16	6	2	5	10	15	9	13	7	14	12	11
13	7	16	12	4	11	14	3	5	2	6	8	9	15	1	10
6	2	14	11	7	15	10	9	4	12	1	16	8	13	3	5
9	10	15	5	13	8	1	12	7	11	3	14	16	6	4	2

Solution #26

15	1	7	3	6	14	10	12	8	16	11	13	2	9	4	5
2	11	9	6	8	5	15	13	7	10	12	4	3	16	14	1
5	12	13	4	7	11	3	16	9	14	2	1	10	15	6	8
14	8	16	10	1	9	2	4	5	6	15	3	11	12	13	7
7	2	8	5	11	16	14	1	3	13	9	12	15	4	10	6
3	9	1	16	13	6	5	2	14	15	4	10	8	11	7	12
10	13	12	11	9	15	4	7	2	1	6	8	16	14	5	3
4	15	6	14	10	12	8	3	16	11	7	5	13	1	9	2
8	10	15	2	5	13	11	6	4	12	1	14	7	3	16	9
13	5	3	1	14	7	16	9	6	8	10	15	12	2	11	4
6	14	11	7	2	4	12	15	13	3	16	9	5	8	1	10
12	16	4	9	3	8	1	10	11	7	5	2	14	6	15	13
1	6	5	15	12	3	9	14	10	2	13	11	4	7	8	16
11	4	10	13	15	1	7	8	12	9	3	16	6	5	2	14
16	3	2	8	4	10	6	11	1	5	14	7	9	13	12	15
9	7	14	12	16	2	13	5	15	4	8	6	1	10	3	11

Solution #27

3	10	14	6	16	5	15	8	7	12	11	13	2	4	1	9
13	16	2	7	3	14	1	11	4	15	9	8	10	12	5	6
1	12	9	5	7	13	2	4	14	16	6	10	15	3	11	8
15	4	8	11	12	6	9	10	5	3	2	1	16	14	13	7
11	2	15	12	1	3	8	9	13	4	10	14	6	5	7	16
8	13	4	10	2	15	16	12	1	7	5	6	3	9	14	11
6	5	1	14	11	7	10	13	2	9	3	16	12	15	8	4
9	3	7	16	5	4	6	14	11	8	12	15	13	2	10	1
10	6	12	8	15	2	3	16	9	13	14	7	11	1	4	5
7	9	3	1	8	11	5	6	12	10	16	4	14	13	2	15
5	15	11	13	14	9	4	7	3	6	1	2	8	10	16	12
2	14	16	4	10	12	13	1	8	11	15	5	7	6	9	3
16	7	10	15	4	8	12	5	6	2	13	9	1	11	3	14
14	8	6	3	13	1	11	2	16	5	4	12	9	7	15	10
12	1	5	2	9	10	7	3	15	14	8	11	4	16	6	13
4	11	13	9	6	16	14	15	10	1	7	3	5	8	12	2

Solution #28

10	7	16	13	3	15	14	1	6	2	11	5	4	9	12	8
2	11	12	15	6	16	5	4	7	1	8	9	14	13	10	3
4	9	3	14	11	7	12	8	16	13	10	15	5	1	6	2
1	6	5	8	10	2	13	9	4	14	3	12	15	11	7	16
15	10	14	5	1	6	4	16	11	9	13	7	8	2	3	12
3	13	8	11	15	14	2	10	1	12	6	16	7	4	5	9
16	4	7	2	8	11	9	12	10	15	5	3	13	14	1	6
9	1	6	12	7	5	3	13	8	4	14	2	10	15	16	11
7	2	9	6	14	1	8	11	13	3	4	10	16	12	15	5
11	3	4	10	16	9	7	2	15	5	12	6	1	8	14	13
5	14	15	16	13	12	6	3	9	7	1	8	11	10	2	4
8	12	13	1	4	10	15	5	14	16	2	11	6	3	9	7
12	8	10	4	9	3	11	7	5	6	15	1	2	16	13	14
13	15	2	9	5	8	16	14	12	10	7	4	3	6	11	1
6	16	11	7	2	13	1	15	3	8	9	14	12	5	4	10
14	5	1	3	12	4	10	6	2	11	16	13	9	7	8	15

Solution #29

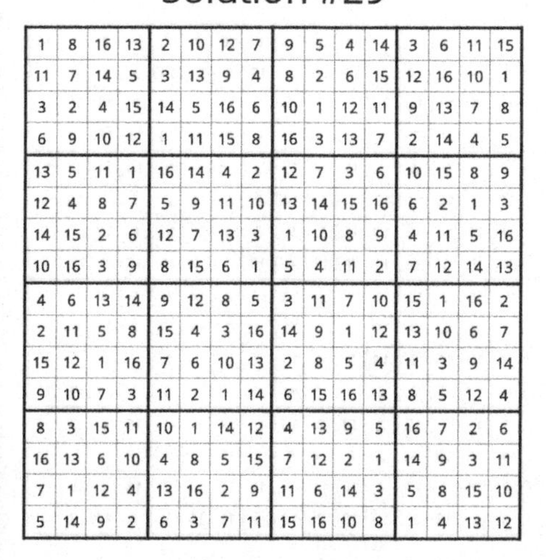

1	8	16	13	2	10	12	7	9	5	4	14	3	6	11	15
11	7	14	5	3	13	9	4	8	2	6	15	12	16	10	1
3	2	4	15	14	5	16	6	10	1	12	11	9	13	7	8
6	9	10	12	1	11	15	8	16	3	13	7	2	14	4	5
13	5	11	1	16	14	4	2	12	7	3	6	10	15	8	9
12	4	8	7	5	9	11	10	13	14	15	16	6	2	1	3
14	15	2	6	12	7	13	3	1	10	8	9	4	11	5	16
10	16	3	9	8	15	6	1	5	4	11	2	7	12	14	13
4	6	13	14	9	12	8	5	3	11	7	10	15	1	16	2
2	11	5	8	15	4	3	16	14	9	1	12	13	10	6	7
15	12	1	16	7	6	10	13	2	8	5	4	11	3	9	14
9	10	7	3	11	2	1	14	6	15	16	13	8	5	12	4
8	3	15	11	10	1	14	12	4	13	9	5	16	7	2	6
16	13	6	10	4	8	5	15	7	12	2	1	14	9	3	11
7	1	12	4	13	16	2	9	11	6	14	3	5	8	15	10
5	14	9	2	6	3	7	11	15	16	10	8	1	4	13	12

Solution #30

7	9	16	14	1	13	3	10	6	15	2	8	4	11	5	12
8	1	12	5	11	4	7	9	16	10	3	14	2	13	15	6
3	4	6	13	14	5	2	15	9	1	11	12	10	7	16	8
15	2	11	10	6	8	12	16	7	4	5	13	14	1	3	9
11	6	3	1	5	10	4	12	13	16	15	2	9	14	8	7
14	8	7	12	9	15	13	2	1	6	10	5	11	16	4	3
4	5	9	16	3	7	6	1	12	14	8	11	13	15	2	10
10	15	13	2	16	14	11	8	3	7	9	4	5	12	6	1
6	14	1	4	15	11	8	3	2	5	7	16	12	10	9	13
5	16	8	11	4	9	10	14	15	12	13	1	3	6	7	2
2	3	10	9	13	12	16	7	11	8	14	6	15	5	1	4
12	13	15	7	2	1	5	6	10	3	4	9	16	8	14	11
16	11	4	3	12	6	15	5	8	9	1	10	7	2	13	14
9	12	14	6	10	3	1	13	5	2	16	7	8	4	11	15
1	7	2	15	8	16	14	11	4	13	12	3	6	9	10	5
13	10	5	8	7	2	9	4	14	11	6	15	1	3	12	16

Solution #31

3	4	13	1	2	10	15	14	8	6	16	9	7	11	12	5
15	7	12	6	8	13	9	16	3	11	4	5	1	14	2	10
8	5	14	10	12	4	7	11	13	1	2	15	9	6	16	3
9	16	11	2	3	1	6	5	7	12	10	14	15	4	8	13
2	8	4	12	1	6	13	7	14	15	5	16	10	9	3	11
10	1	3	9	15	14	11	8	2	7	6	13	4	12	5	16
11	15	16	14	9	3	5	12	4	8	1	10	13	7	6	2
5	13	6	7	4	2	16	10	12	9	11	3	8	15	14	1
6	14	15	3	5	16	10	1	9	13	7	4	12	2	11	8
12	9	10	4	14	8	2	13	5	16	15	11	6	3	1	7
1	2	7	5	6	11	3	9	10	14	12	8	16	13	15	4
16	11	8	13	7	15	12	4	1	2	3	6	5	10	9	14
7	6	9	16	11	5	8	3	15	10	13	2	14	1	4	12
4	12	1	15	10	9	14	2	11	5	8	7	3	16	13	6
14	3	2	8	13	7	1	6	16	4	9	12	11	5	10	15
13	10	5	11	16	12	4	15	6	3	14	1	2	8	7	9

Solution #32

15	3	8	5	6	7	12	13	14	9	16	4	2	10	11	1
13	10	16	11	9	1	5	3	6	12	2	8	14	4	7	15
7	6	9	4	11	16	14	2	3	10	1	15	8	12	5	13
12	2	1	14	4	8	10	15	5	7	11	13	3	9	6	16
14	13	12	1	2	5	3	10	7	8	4	9	6	15	16	11
6	15	3	7	16	14	13	12	10	2	5	11	1	8	4	9
11	4	2	10	7	15	9	8	1	13	6	16	5	14	3	12
8	16	5	9	1	4	11	6	12	3	15	14	7	13	10	2
16	14	6	8	5	12	7	4	11	15	10	2	13	1	9	3
4	11	15	12	13	6	8	14	16	1	9	3	10	5	2	7
9	5	13	3	10	11	2	1	4	6	8	7	15	16	12	14
10	1	7	2	15	3	16	9	13	14	12	5	11	6	8	4
1	8	10	16	12	13	4	7	15	11	3	6	9	2	14	5
3	12	4	6	8	2	15	11	9	5	14	1	16	7	13	10
2	9	14	13	3	10	1	5	8	16	7	12	4	11	15	6
5	7	11	15	14	9	6	16	2	4	13	10	12	3	1	8

Solution #33

10	8	12	7	2	3	9	16	4	5	14	15	1	6	11	13
4	11	3	15	13	10	14	12	8	9	6	1	5	2	7	16
5	16	6	14	4	15	8	1	7	13	2	11	12	10	3	9
1	9	2	13	11	6	5	7	10	3	16	12	14	8	15	4
9	10	13	2	16	1	15	5	12	11	7	3	6	4	8	14
12	14	8	5	7	9	13	11	16	4	10	6	2	3	1	15
3	7	4	16	14	8	2	6	15	1	13	5	9	12	10	11
6	1	15	11	12	4	3	10	14	8	9	2	16	13	5	7
14	6	5	1	15	16	10	4	3	2	12	9	11	7	13	8
11	2	10	9	3	5	6	13	1	14	8	7	15	16	4	12
15	3	7	4	1	12	11	8	6	16	5	13	10	14	9	2
13	12	16	8	9	2	7	14	11	10	15	4	3	5	6	1
8	13	11	3	6	14	1	15	5	12	4	16	7	9	2	10
16	5	1	10	8	11	4	2	9	7	3	14	13	15	12	6
7	4	14	6	5	13	12	9	2	15	11	10	8	1	16	3
2	15	9	12	10	7	16	3	13	6	1	8	4	11	14	5

Solution #34

12	9	1	2	3	15	5	14	13	7	10	6	11	4	16	8
7	10	14	4	1	16	6	13	9	11	15	8	5	3	2	12
5	16	13	6	2	10	8	11	12	4	3	14	9	15	1	7
3	15	11	8	9	4	12	7	5	2	16	1	13	6	14	10
8	5	10	3	11	14	15	16	7	13	4	2	1	9	12	6
13	6	16	12	5	2	10	3	14	1	11	9	4	8	7	15
11	7	4	15	8	1	9	12	10	6	5	3	2	14	13	16
2	14	9	1	6	7	13	4	15	8	12	16	3	10	11	5
1	4	2	11	12	9	7	15	3	16	14	10	6	5	8	13
10	3	15	13	4	5	2	8	11	12	6	7	14	16	9	1
6	8	7	14	13	3	16	10	4	9	1	5	12	2	15	11
9	12	5	16	14	6	11	1	8	15	2	13	10	7	3	4
16	2	8	7	10	13	3	6	1	5	9	12	15	11	4	14
15	1	12	9	7	11	14	5	2	10	8	4	16	13	6	3
4	11	3	5	16	8	1	2	6	14	13	15	7	12	10	9
14	13	6	10	15	12	4	9	16	3	7	11	8	1	5	2

Solution #35

1	10	5	11	2	13	3	8	9	4	16	12	14	7	6	15
9	6	12	13	15	7	14	11	10	3	2	8	16	4	1	5
8	15	16	4	5	9	6	12	7	11	14	1	13	3	10	2
14	2	3	7	1	16	4	10	13	6	5	15	8	12	11	9
2	8	14	16	12	10	11	3	4	13	6	7	5	9	15	1
5	4	13	1	16	14	7	9	3	12	15	2	6	10	8	11
6	3	7	10	13	2	8	15	5	1	9	11	12	16	4	14
12	9	11	15	6	5	1	4	16	10	8	14	3	2	13	7
15	7	10	3	9	4	12	1	11	8	13	5	2	14	16	6
11	12	1	14	7	6	15	16	2	9	3	10	4	8	5	13
4	5	9	8	3	11	2	13	14	16	7	6	15	1	12	10
13	16	6	2	14	8	10	5	1	15	12	4	7	11	9	3
3	1	2	9	4	12	5	6	15	7	11	16	10	13	14	8
10	11	4	6	8	15	13	14	12	2	1	3	9	5	7	16
16	14	8	12	11	3	9	7	6	5	10	13	1	15	2	4
7	13	15	5	10	1	16	2	8	14	4	9	11	6	3	12

Solution #36

13	5	3	1	6	11	10	15	8	16	9	7	12	2	4	14
9	4	12	10	7	16	13	2	15	5	11	14	3	1	6	8
16	6	11	14	5	4	3	8	1	13	2	12	9	15	10	7
15	2	8	7	9	14	12	1	6	3	4	10	11	16	13	5
8	1	9	4	3	12	6	7	2	14	5	16	10	11	15	13
12	3	15	11	13	1	2	14	9	6	10	8	5	7	16	4
2	13	14	16	10	15	9	5	3	4	7	11	8	12	1	6
10	7	5	6	11	8	16	4	13	1	12	15	14	9	3	2
5	15	7	13	12	2	1	10	16	8	14	9	6	4	11	3
1	8	6	9	16	3	5	11	4	2	15	13	7	10	14	12
11	12	16	3	14	9	4	13	10	7	1	6	2	8	5	15
14	10	4	2	8	7	15	6	11	12	3	5	1	13	9	16
3	11	2	12	1	13	8	16	14	9	6	4	15	5	7	10
4	16	10	5	2	6	14	9	7	15	8	1	13	3	12	11
7	14	1	15	4	5	11	3	12	10	13	2	16	6	8	9
6	9	13	8	15	10	7	12	5	11	16	3	4	14	2	1

Solution #37

7	6	10	8	3	5	9	16	11	12	1	15	2	14	4	13
14	12	2	4	15	11	13	6	9	7	3	8	10	1	5	16
1	13	5	9	7	8	2	12	10	4	14	16	15	6	11	3
15	11	3	16	1	4	10	14	5	13	2	6	7	8	9	12
2	7	1	15	6	13	11	9	4	3	5	12	14	10	16	8
5	3	12	10	8	14	1	7	13	9	16	11	4	2	6	15
11	9	13	6	10	2	16	4	7	15	8	14	5	12	3	1
4	16	8	14	5	12	15	3	2	6	10	1	9	11	13	7
13	5	4	3	12	10	7	2	6	1	11	9	16	15	8	14
10	1	15	12	11	6	5	8	14	16	13	4	3	9	7	2
6	14	11	2	9	16	3	15	12	8	7	5	13	4	1	10
16	8	9	7	4	1	14	13	3	2	15	10	6	5	12	11
3	15	6	13	16	9	4	11	8	10	12	2	1	7	14	5
8	10	7	5	14	15	6	1	16	11	9	13	12	3	2	4
9	2	14	11	13	7	12	10	1	5	4	3	8	16	15	6
12	4	16	1	2	3	8	5	15	14	6	7	11	13	10	9

Solution #38

9	12	7	2	4	13	14	3	6	11	15	8	5	16	10	1
3	4	5	1	9	6	15	2	13	10	12	16	8	7	11	14
16	11	8	13	10	5	12	7	9	3	14	1	2	4	15	6
15	14	10	6	16	8	11	1	7	5	4	2	9	13	12	3
6	8	11	5	3	10	2	14	1	15	9	13	16	12	7	4
2	7	9	4	13	12	8	11	14	6	16	10	3	1	5	15
13	15	16	3	5	4	1	9	8	12	11	7	10	6	14	2
10	1	12	14	7	16	6	15	2	4	3	5	13	9	8	11
11	13	2	16	12	7	3	8	15	14	6	4	1	5	9	10
4	3	1	10	11	14	16	13	12	2	5	9	15	8	6	7
12	5	15	7	1	9	4	6	10	8	13	3	14	11	2	16
14	9	6	8	2	15	10	5	16	1	7	11	4	3	13	12
1	6	3	11	15	2	13	12	4	9	8	14	7	10	16	5
8	2	13	15	6	1	7	4	5	16	10	12	11	14	3	9
5	10	14	12	8	11	9	16	3	7	1	15	6	2	4	13
7	16	4	9	14	3	5	10	11	13	2	6	12	15	1	8

Solution #39

6	4	16	11	3	8	10	15	13	7	12	1	2	9	14	5
9	12	2	7	4	14	1	11	15	10	8	5	6	3	13	16
5	15	1	8	16	12	2	13	9	14	6	3	11	4	7	10
10	13	3	14	5	6	9	7	16	2	4	11	15	1	8	12
14	5	8	1	2	13	4	3	7	16	11	9	12	10	6	15
7	9	11	10	12	5	16	6	8	4	13	15	3	2	1	14
4	3	12	15	9	10	14	8	6	1	5	2	13	7	16	11
13	16	6	2	7	15	11	1	3	12	14	10	5	8	9	4
11	6	10	13	1	9	15	14	12	5	7	8	4	16	3	2
15	2	9	3	13	16	12	4	11	6	1	14	7	5	10	8
1	14	7	16	6	2	8	5	10	15	3	4	9	12	11	13
12	8	5	4	11	3	7	10	2	9	16	13	14	6	15	1
2	7	14	9	15	4	13	12	1	8	10	6	16	11	5	3
3	1	4	5	10	7	6	2	14	11	15	16	8	13	12	9
8	11	13	12	14	1	5	16	4	3	9	7	10	15	2	6
16	10	15	6	8	11	3	9	5	13	2	12	1	14	4	7

Solution #40

15	3	14	13	10	12	7	4	2	1	6	16	11	8	5	9
16	2	4	7	6	13	9	8	14	15	5	11	12	1	3	10
11	10	9	5	16	15	2	1	4	3	12	8	7	6	14	13
12	1	6	8	11	14	5	3	7	10	9	13	4	2	15	16
6	15	2	14	13	16	4	10	9	5	3	7	1	11	8	12
13	9	16	10	7	2	3	11	12	8	15	1	5	4	6	14
7	8	11	3	9	1	12	5	6	16	14	4	15	13	10	2
1	12	5	4	14	6	8	15	10	13	11	2	3	9	16	7
4	16	15	12	1	3	10	14	13	2	8	9	6	5	7	11
3	5	13	2	15	8	6	16	11	14	7	10	9	12	4	1
8	14	10	11	4	9	13	7	5	6	1	12	16	15	2	3
9	7	1	6	12	5	11	2	15	4	16	3	10	14	13	8
5	4	7	1	2	10	16	12	8	11	13	6	14	3	9	15
10	6	3	16	5	11	15	13	1	9	2	14	8	7	12	4
2	11	12	9	8	4	14	6	3	7	10	15	13	16	1	5
14	13	8	15	3	7	1	9	16	12	4	5	2	10	11	6

Solution #41

2	12	14	15	1	13	7	11	3	8	10	4	5	9	6	16
1	5	11	8	10	15	4	12	2	6	9	16	7	14	13	3
7	9	4	10	14	16	3	6	1	13	11	5	2	8	12	15
3	16	6	13	2	9	5	8	7	12	14	15	4	11	1	10
4	1	3	6	15	5	14	16	11	10	13	8	12	2	7	9
5	7	12	9	6	2	10	1	4	3	16	14	11	13	15	8
13	11	8	2	7	4	12	9	5	1	15	6	10	3	16	14
15	14	10	16	13	8	11	3	9	7	12	2	1	4	5	6
11	10	13	12	3	1	16	5	8	4	6	9	15	7	14	2
14	6	15	4	12	10	9	7	13	16	2	3	8	5	11	1
9	2	7	1	4	6	8	15	12	14	5	11	3	16	10	13
8	3	16	5	11	14	13	2	10	15	1	7	9	6	4	12
10	13	5	3	9	7	15	14	6	11	8	1	16	12	2	4
16	15	2	7	5	3	1	13	14	9	4	12	6	10	8	11
12	8	9	14	16	11	6	4	15	2	7	10	13	1	3	5
6	4	1	11	8	12	2	10	16	5	3	13	14	15	9	7

Solution #42

12	6	4	5	13	1	8	2	10	11	16	14	15	7	3	9
14	2	10	9	7	16	5	11	13	8	15	3	6	1	12	4
1	15	8	16	9	4	12	3	2	7	5	6	11	14	10	13
11	7	13	3	14	10	6	15	12	9	4	1	2	5	16	8
10	3	7	6	4	2	1	16	14	12	9	11	5	8	13	15
15	16	12	11	8	7	14	9	4	1	13	5	10	2	6	3
9	8	1	2	10	13	3	5	7	15	6	16	12	4	11	14
4	5	14	13	12	11	15	6	8	10	3	2	7	9	1	16
8	4	3	7	1	14	2	12	15	13	10	9	16	11	5	6
6	13	15	14	5	3	10	7	16	2	11	4	8	12	9	1
5	11	2	1	6	9	16	8	3	14	7	12	13	15	4	10
16	10	9	12	11	15	13	4	6	5	1	8	14	3	7	2
2	14	6	8	16	5	9	10	1	3	12	7	4	13	15	11
7	9	5	10	15	8	4	1	11	16	14	13	3	6	2	12
13	12	11	15	3	6	7	14	9	4	2	10	1	16	8	5
3	1	16	4	2	12	11	13	5	6	8	15	9	10	14	7

Solution #43

16	1	13	7	3	5	10	8	6	15	14	12	9	4	2	11
15	9	4	14	13	2	12	6	3	1	5	11	16	10	7	8
8	11	5	10	14	7	15	16	9	2	4	13	12	3	1	6
12	2	3	6	4	9	1	11	10	7	16	8	14	13	5	15
4	10	7	13	12	15	8	1	5	16	9	2	11	14	6	3
11	6	2	12	9	3	4	14	7	13	8	1	15	5	10	16
1	8	15	5	16	13	7	10	11	6	3	14	2	9	12	4
14	16	9	3	2	11	6	5	15	10	12	4	8	7	13	1
6	5	8	16	15	4	14	7	2	9	13	10	1	11	3	12
2	3	1	4	5	8	9	13	12	14	11	6	7	15	16	10
7	13	11	9	6	10	16	12	8	3	1	15	4	2	14	5
10	14	12	15	11	1	2	3	4	5	7	16	13	6	8	9
13	7	16	8	1	6	3	9	14	11	15	5	10	12	4	2
9	15	10	1	7	14	5	4	16	12	2	3	6	8	11	13
5	12	6	2	8	16	11	15	13	4	10	7	3	1	9	14
3	4	14	11	10	12	13	2	1	8	6	9	5	16	15	7

Solution #44

8	15	13	9	3	16	2	10	12	7	6	11	14	4	5	1
6	4	12	14	7	11	8	1	13	5	3	16	2	10	15	9
2	1	16	10	5	15	12	13	9	4	14	8	7	11	3	6
5	3	7	11	14	6	9	4	15	2	10	1	13	16	8	12
16	6	2	7	1	13	11	5	10	15	4	12	9	8	14	3
12	13	4	3	16	9	6	8	14	1	2	5	11	15	10	7
11	10	8	1	12	4	15	14	6	9	7	3	16	2	13	5
9	14	15	5	2	7	10	3	16	8	11	13	6	12	1	4
1	5	11	15	4	12	3	9	8	16	13	7	10	14	6	2
7	2	9	12	8	10	16	11	3	14	1	6	5	13	4	15
10	16	6	13	15	1	14	2	11	12	5	4	3	7	9	8
14	8	3	4	13	5	7	6	2	10	9	15	12	1	16	11
13	11	14	16	6	2	4	15	7	3	8	9	1	5	12	10
15	9	1	8	10	14	13	7	5	6	12	2	4	3	11	16
4	12	10	2	9	3	5	16	1	11	15	14	8	6	7	13
3	7	5	6	11	8	1	12	4	13	16	10	15	9	2	14

Solution #45

4	2	7	14	11	3	5	6	9	10	1	8	16	13	12	15
1	16	13	8	2	7	4	14	5	6	15	12	10	3	9	11
9	3	6	10	1	16	15	12	7	13	4	11	8	14	5	2
5	15	12	11	10	13	8	9	14	2	3	16	4	7	1	6
14	1	11	13	3	10	9	15	12	5	16	2	6	8	7	4
3	4	10	2	14	5	6	16	8	15	13	7	1	9	11	12
8	6	15	12	7	2	11	1	3	9	10	4	14	16	13	5
16	5	9	7	4	12	13	8	11	1	6	14	3	2	15	10
12	11	2	5	9	4	16	10	6	14	7	3	15	1	8	13
15	8	4	1	6	14	3	13	2	16	9	5	12	11	10	7
6	13	14	16	15	8	2	7	10	12	11	1	5	4	3	9
10	7	3	9	12	11	1	5	13	4	8	15	2	6	14	16
13	12	8	15	16	6	14	2	1	7	5	9	11	10	4	3
7	9	1	6	8	15	12	11	4	3	2	10	13	5	16	14
11	14	5	3	13	9	10	4	16	8	12	6	7	15	2	1
2	10	16	4	5	1	7	3	15	11	14	13	9	12	6	8

Solution #46

8	9	6	13	2	11	5	1	12	4	15	14	7	10	3	16
3	1	10	11	16	6	8	9	5	13	7	2	15	12	4	14
2	5	12	14	4	15	7	13	8	10	3	16	6	9	11	1
16	4	15	7	10	3	14	12	1	9	11	6	8	5	2	13
6	10	8	3	12	5	16	14	13	1	4	15	11	7	9	2
15	2	13	5	9	10	11	7	16	12	14	8	3	1	6	4
9	16	11	1	6	13	15	4	2	3	5	7	12	8	14	10
7	14	4	12	8	1	2	3	6	11	10	9	13	16	15	5
14	13	9	10	1	2	12	15	3	16	8	4	5	11	7	6
4	6	7	8	14	9	10	11	15	2	12	5	1	13	16	3
5	11	3	15	13	8	4	16	9	7	6	1	2	14	10	12
1	12	16	2	5	7	3	6	10	14	13	11	4	15	8	9
12	15	2	9	7	14	1	8	4	5	16	3	10	6	13	11
10	8	1	4	15	16	13	2	11	6	9	12	14	3	5	7
11	7	5	16	3	12	6	10	14	15	2	13	9	4	1	8
13	3	14	6	11	4	9	5	7	8	1	10	16	2	12	15

Solution #47

14	15	13	1	11	7	5	2	6	9	8	4	3	12	16	10
5	7	8	9	13	15	12	4	16	11	3	10	1	6	14	2
2	4	6	12	1	16	3	10	13	15	5	14	9	11	7	8
11	3	16	10	8	9	6	14	1	12	7	2	4	15	5	13
16	13	11	4	7	2	14	1	9	5	10	3	15	8	12	6
6	2	12	5	9	10	16	13	14	8	1	15	11	3	4	7
1	10	9	14	3	12	8	15	11	7	4	6	13	16	2	5
7	8	3	15	5	11	4	6	2	16	13	12	14	9	10	1
15	6	7	2	12	13	11	5	4	1	9	8	10	14	3	16
13	1	4	11	14	6	9	3	7	10	15	16	2	5	8	12
3	9	10	16	15	4	2	8	12	6	14	5	7	1	13	11
12	14	5	8	16	1	10	7	3	2	11	13	6	4	9	15
10	16	1	7	4	5	13	12	15	3	6	9	8	2	11	14
9	11	15	3	10	8	1	16	5	14	2	7	12	13	6	4
8	12	2	13	6	14	15	9	10	4	16	11	5	7	1	3
4	5	14	6	2	3	7	11	8	13	12	1	16	10	15	9

Solution #48

6	8	4	9	16	10	15	2	3	13	1	7	5	14	12	11
3	15	2	1	8	6	9	4	11	5	14	12	16	10	7	13
11	5	7	14	1	12	13	3	8	2	16	10	9	6	15	4
13	16	10	12	14	11	7	5	6	4	15	9	3	2	8	1
12	10	5	6	13	7	3	16	1	11	4	15	14	8	9	2
9	7	15	3	5	8	12	1	14	10	6	2	4	13	11	16
4	14	1	8	9	2	10	11	13	12	7	16	15	5	3	6
16	13	11	2	15	4	14	6	9	8	5	3	7	1	10	12
14	3	13	7	11	16	2	8	10	6	9	5	1	12	4	15
1	11	8	15	4	3	6	7	12	14	2	13	10	9	16	5
5	4	9	10	12	15	1	13	7	16	8	11	2	3	6	14
2	6	12	16	10	14	5	9	15	1	3	4	11	7	13	8
8	12	16	11	2	9	4	10	5	7	13	1	6	15	14	3
10	9	6	13	3	5	16	12	2	15	11	14	8	4	1	7
15	2	3	4	7	1	8	14	16	9	12	6	13	11	5	10
7	1	14	5	6	13	11	15	4	3	10	8	12	16	2	9

Solution #49

7	3	4	6	11	9	8	16	13	5	10	15	12	14	2	1
11	13	14	12	7	6	3	2	1	9	16	8	5	15	4	10
5	10	1	16	15	4	12	13	2	3	7	14	6	8	11	9
9	15	8	2	1	14	5	10	6	11	12	4	7	3	16	13
8	11	9	4	13	16	10	6	3	14	5	2	15	1	7	12
13	16	7	14	2	12	11	3	10	15	4	1	8	6	9	5
10	5	15	1	8	7	4	14	16	12	9	6	2	11	13	3
6	2	12	3	5	15	1	9	8	13	11	7	16	4	10	14
15	12	6	9	16	3	14	1	4	7	2	11	10	13	5	8
16	14	5	7	10	2	13	11	15	1	8	9	4	12	3	6
2	1	11	10	12	8	6	4	5	16	3	13	9	7	14	15
3	4	13	8	9	5	7	15	14	10	6	12	11	16	1	2
12	8	16	13	4	10	15	7	9	2	14	3	1	5	6	11
1	9	10	15	3	11	16	12	7	6	13	5	14	2	8	4
14	7	3	5	6	1	2	8	11	4	15	10	13	9	12	16
4	6	2	11	14	13	9	5	12	8	1	16	3	10	15	7

Solution #50

4	8	9	13	11	5	12	3	15	16	6	1	10	2	7	14
16	11	3	6	1	14	8	15	5	7	2	10	9	13	12	4
2	1	10	15	4	9	13	7	3	12	14	11	16	8	6	5
14	12	5	7	6	10	16	2	9	13	8	4	1	11	3	15
3	10	2	8	7	1	6	16	11	5	4	15	14	12	13	9
15	7	11	9	10	2	4	12	16	3	13	14	6	5	8	1
5	6	1	4	9	15	14	13	8	10	7	12	11	3	2	16
12	16	13	14	8	3	5	11	1	6	9	2	15	7	4	10
10	2	4	3	14	16	1	5	13	9	11	8	7	6	15	12
8	9	12	11	15	7	10	6	4	1	3	16	13	14	5	2
6	13	14	1	12	11	3	9	2	15	5	7	4	16	10	8
7	5	15	16	13	8	2	4	12	14	10	6	3	1	9	11
13	3	8	5	2	6	11	10	14	4	16	9	12	15	1	7
1	4	7	2	16	13	15	14	10	8	12	3	5	9	11	6
11	14	6	10	5	12	9	1	7	2	15	13	8	4	16	3
9	15	16	12	3	4	7	8	6	11	1	5	2	10	14	13

Solution #51

5	1	9	4	11	13	7	3	6	2	14	16	15	8	12	10
15	11	8	3	9	6	1	5	7	10	13	12	16	14	4	2
14	2	6	10	16	8	4	12	3	1	15	9	13	11	5	7
7	12	13	16	15	14	10	2	8	4	5	11	9	6	1	3
11	8	5	1	2	7	3	10	13	16	12	6	14	9	15	4
10	3	15	13	1	4	5	8	9	14	2	7	6	12	16	11
9	6	16	7	14	15	12	11	4	3	10	5	8	2	13	1
4	14	2	12	6	9	13	16	11	15	1	8	3	7	10	5
3	13	1	5	10	12	11	15	16	6	9	2	7	4	8	14
6	15	14	11	8	3	9	4	10	5	7	1	12	13	2	16
12	9	7	8	5	2	16	14	15	13	3	4	10	1	11	6
16	4	10	2	13	1	6	7	12	8	11	14	5	3	9	15
8	7	3	6	4	10	15	1	2	12	16	13	11	5	14	9
2	5	11	14	3	16	8	13	1	9	6	10	4	15	7	12
13	10	12	15	7	5	2	9	14	11	4	3	1	16	6	8
1	16	4	9	12	11	14	6	5	7	8	15	2	10	3	13

Solution #52

13	1	6	3	10	5	16	14	15	12	7	4	8	2	9	11
14	8	5	2	7	1	13	11	16	3	9	6	12	10	15	4
4	12	11	7	8	6	15	9	5	2	13	10	1	14	16	3
16	15	9	10	2	3	12	4	14	1	11	8	6	5	7	13
15	3	1	8	6	12	7	13	11	9	14	16	10	4	5	2
10	2	4	14	1	8	3	15	7	6	5	13	16	9	11	12
12	16	7	6	14	9	11	5	10	15	4	2	3	8	13	1
5	11	13	9	16	2	4	10	12	8	1	3	15	7	14	6
8	6	2	15	9	16	10	3	13	5	12	11	7	1	4	14
3	14	16	11	12	13	2	7	9	4	15	1	5	6	8	10
9	5	12	13	15	4	14	1	8	10	6	7	2	11	3	16
7	4	10	1	5	11	8	6	2	16	3	14	13	15	12	9
6	13	3	5	4	7	9	8	1	14	2	12	11	16	10	15
2	10	14	12	13	15	1	16	4	11	8	5	9	3	6	7
1	9	8	4	11	10	6	12	3	7	16	15	14	13	2	5
11	7	15	16	3	14	5	2	6	13	10	9	4	12	1	8

Solution #53

10	2	8	13	12	15	3	16	6	4	14	11	1	9	5	7
4	6	16	12	2	14	13	11	7	9	5	1	10	8	15	3
14	1	5	15	7	8	4	9	12	16	3	10	2	13	11	6
7	11	9	3	1	6	5	10	8	15	2	13	4	14	12	16
12	3	2	7	6	5	14	8	1	10	16	9	11	4	13	15
9	14	13	11	15	4	10	3	2	6	8	7	12	5	16	1
1	10	6	4	16	11	12	7	3	5	13	15	9	2	8	14
16	5	15	8	13	1	9	2	11	12	4	14	3	7	6	10
2	12	7	16	14	9	8	4	10	1	6	5	15	11	3	13
8	13	10	1	3	16	6	5	9	11	15	2	14	12	7	4
3	9	14	6	11	7	1	15	4	13	12	8	5	16	10	2
11	15	4	5	10	12	2	13	16	14	7	3	8	6	1	9
6	4	12	2	9	13	15	1	5	3	11	16	7	10	14	8
5	8	3	10	4	2	16	6	14	7	1	12	13	15	9	11
13	16	11	9	5	3	7	14	15	8	10	4	6	1	2	12
15	7	1	14	8	10	11	12	13	2	9	6	16	3	4	5

Solution #54

3	13	6	2	16	12	15	8	14	10	5	9	7	11	1	4
4	11	10	5	7	2	6	14	16	1	12	15	9	8	3	13
15	8	9	12	5	3	10	1	7	13	4	11	6	14	2	16
7	14	1	16	9	13	4	11	2	6	8	3	10	5	12	15
12	5	15	14	6	11	1	4	8	2	10	16	3	13	7	9
2	9	4	13	12	15	3	7	1	11	6	14	16	10	8	5
10	6	16	11	2	9	8	13	12	3	7	5	15	4	14	1
8	1	7	3	10	16	14	5	9	15	13	4	2	12	6	11
11	10	3	8	15	1	7	12	6	4	2	13	5	16	9	14
16	12	2	4	14	5	9	6	15	8	3	10	11	1	13	7
1	15	14	6	11	4	13	2	5	9	16	7	12	3	10	8
5	7	13	9	8	10	16	3	11	14	1	12	4	6	15	2
14	4	12	1	3	8	11	16	10	7	15	2	13	9	5	6
6	3	8	15	4	7	5	10	13	16	9	1	14	2	11	12
13	16	5	7	1	14	2	9	3	12	11	6	8	15	4	10
9	2	11	10	13	6	12	15	4	5	14	8	1	7	16	3

Solution #55

16	15	9	1	8	4	13	14	12	10	5	7	2	3	11	6
11	13	14	3	9	6	12	7	1	4	16	2	5	15	8	10
10	7	12	2	5	11	3	1	13	15	8	6	4	14	16	9
8	6	4	5	16	2	15	10	11	9	14	3	12	7	13	1
4	3	5	14	1	12	8	13	10	6	2	15	7	16	9	11
12	10	7	13	6	9	4	15	8	1	11	16	14	2	3	5
9	2	16	6	3	5	7	11	4	12	13	14	1	8	10	15
1	8	11	15	10	14	2	16	3	7	9	5	13	4	6	12
2	5	10	9	11	7	14	8	6	3	15	4	16	1	12	13
14	11	13	12	15	3	9	6	5	16	7	1	8	10	4	2
15	4	8	7	13	1	16	12	14	2	10	11	6	9	5	3
6	1	3	16	2	10	5	4	9	13	12	8	15	11	7	14
5	14	2	10	12	13	1	3	7	8	4	9	11	6	15	16
13	16	6	4	14	8	10	9	15	11	1	12	3	5	2	7
7	9	1	11	4	15	6	2	16	5	3	13	10	12	14	8
3	12	15	8	7	16	11	5	2	14	6	10	9	13	1	4

Solution #56

12	13	8	3	10	2	5	1	7	16	6	11	9	4	14	15
5	7	4	16	9	3	8	11	10	1	14	15	13	12	6	2
1	14	9	11	7	13	15	6	5	4	12	2	16	10	3	8
6	15	10	2	4	12	14	16	3	13	9	8	5	7	1	11
13	6	11	8	16	5	3	12	14	7	10	1	4	15	2	9
14	5	1	9	13	6	4	15	2	8	11	12	7	16	10	3
10	12	3	7	1	14	9	2	15	5	16	4	11	8	13	6
16	4	2	15	8	10	11	7	13	6	3	9	14	1	12	5
8	11	12	5	14	7	2	4	16	3	15	6	10	13	9	1
15	9	7	10	6	16	12	8	4	11	1	13	3	2	5	14
2	3	14	1	15	11	10	13	9	12	5	7	8	6	4	16
4	16	6	13	3	9	1	5	8	14	2	10	12	11	15	7
3	1	13	4	5	8	6	14	12	15	7	16	2	9	11	10
9	2	15	12	11	4	7	3	6	10	8	5	1	14	16	13
7	10	5	6	12	1	16	9	11	2	13	14	15	3	8	4
11	8	16	14	2	15	13	10	1	9	4	3	6	5	7	12

Solution #57

12	4	13	15	11	6	5	14	1	3	2	7	8	9	10	16
14	10	7	11	12	3	2	4	5	16	8	9	13	15	6	1
3	1	6	2	7	9	16	8	13	15	4	10	11	14	12	5
8	16	9	5	15	1	10	13	6	11	14	12	4	7	2	3
9	2	14	12	8	5	13	15	7	1	6	16	10	4	3	11
15	3	16	10	14	2	9	1	8	5	11	4	7	12	13	6
1	8	4	7	3	10	6	11	12	13	9	14	2	16	5	15
6	5	11	13	16	4	12	7	15	10	3	2	1	8	14	9
5	6	3	14	1	13	11	2	9	8	12	15	16	10	4	7
10	13	12	9	5	15	4	6	2	7	16	11	3	1	8	14
4	15	1	8	9	14	7	16	3	6	10	13	5	2	11	12
11	7	2	16	10	12	8	3	14	4	5	1	9	6	15	13
16	14	8	1	4	11	3	5	10	12	7	6	15	13	9	2
13	12	5	3	6	7	1	9	4	2	15	8	14	11	16	10
7	11	15	6	2	8	14	10	16	9	13	5	12	3	1	4
2	9	10	4	13	16	15	12	11	14	1	3	6	5	7	8

Solution #58

11	12	3	4	13	14	7	2	9	10	6	16	1	5	15	8
15	1	2	16	9	4	10	3	13	12	8	5	14	6	7	11
13	9	6	8	5	11	1	15	3	7	14	4	2	16	10	12
5	7	10	14	8	16	6	12	2	15	11	1	9	13	3	4
6	15	16	5	3	2	11	4	14	13	12	9	10	1	8	7
1	13	8	11	6	12	16	7	15	5	10	2	3	9	4	14
4	3	9	2	10	13	14	1	7	6	16	8	15	12	11	5
10	14	12	7	15	8	9	5	4	1	3	11	13	2	6	16
2	6	4	12	16	3	8	13	5	11	9	10	7	14	1	15
3	10	1	9	2	15	5	11	8	14	13	7	12	4	16	6
14	5	7	13	1	9	12	10	16	4	15	6	11	8	2	3
8	16	11	15	7	6	4	14	12	2	1	3	5	10	9	13
12	8	13	6	4	7	2	9	10	3	5	15	16	11	14	1
9	2	15	1	11	5	13	16	6	8	7	14	4	3	12	10
7	4	14	10	12	1	3	8	11	16	2	13	6	15	5	9
16	11	5	3	14	10	15	6	1	9	4	12	8	7	13	2

Solution #59

13	8	16	14	9	11	6	12	2	4	3	10	15	5	7	1
1	3	10	15	8	7	2	16	12	5	14	6	9	4	13	11
12	4	7	6	13	3	15	5	1	8	9	11	2	16	10	14
11	5	9	2	1	4	10	14	13	7	15	16	6	3	8	12
6	13	1	12	4	14	11	9	10	16	2	3	5	7	15	8
7	9	5	3	10	15	12	13	6	14	8	1	11	2	4	16
4	16	14	11	5	1	8	2	15	9	12	7	10	6	3	13
10	2	15	8	6	16	7	3	4	11	5	13	1	12	14	9
14	7	11	5	3	9	13	8	16	10	1	2	12	15	6	4
16	15	6	4	12	5	1	7	3	13	11	14	8	9	2	10
8	10	12	13	2	6	14	11	7	15	4	9	3	1	16	5
3	1	2	9	16	10	4	15	5	12	6	8	14	13	11	7
2	12	13	10	14	8	16	6	9	3	7	5	4	11	1	15
15	11	8	1	7	2	5	4	14	6	13	12	16	10	9	3
9	6	4	7	11	12	3	10	8	1	16	15	13	14	5	2
5	14	3	16	15	13	9	1	11	2	10	4	7	8	12	6

Solution #60

5	14	15	2	12	4	7	16	9	6	1	3	11	8	13	10
10	8	12	1	14	3	11	5	13	16	2	4	9	6	7	15
9	16	6	4	8	1	2	13	15	11	7	10	3	5	14	12
11	3	13	7	15	9	10	6	12	5	14	8	16	2	4	1
6	11	8	12	9	7	13	15	16	3	10	14	2	1	5	4
15	10	7	14	5	11	8	3	6	1	4	2	12	16	9	13
2	4	16	13	1	12	6	10	5	8	11	9	14	15	3	7
1	9	3	5	4	16	14	2	7	13	12	15	10	11	8	6
14	15	11	10	6	13	12	4	2	9	3	16	5	7	1	8
7	2	4	6	3	10	15	9	1	14	8	5	13	12	16	11
16	13	5	3	2	14	1	8	11	12	6	7	15	4	10	9
12	1	9	8	11	5	16	7	10	4	15	13	6	14	2	3
8	6	2	16	10	15	5	1	3	7	9	12	4	13	11	14
3	5	1	11	16	8	9	14	4	15	13	6	7	10	12	2
13	12	10	9	7	6	4	11	14	2	5	1	8	3	15	16
4	7	14	15	13	2	3	12	8	10	16	11	1	9	6	5

Solution #61

6	16	4	12	5	11	2	8	14	7	10	13	3	15	1	9
2	5	9	7	6	4	10	3	15	16	8	1	12	14	11	13
8	13	15	11	9	7	14	1	6	2	3	12	5	10	4	16
1	10	14	3	13	12	15	16	5	4	9	11	6	2	7	8
4	2	5	13	10	1	12	11	9	6	16	7	15	8	3	14
16	12	10	1	3	8	7	2	4	11	14	15	13	5	9	6
7	8	11	14	16	15	6	9	3	1	13	5	4	12	2	10
15	6	3	9	4	13	5	14	8	10	12	2	7	11	16	1
13	11	7	10	2	6	3	12	16	14	15	9	1	4	8	5
14	1	16	2	7	10	4	5	13	8	6	3	11	9	15	12
3	9	12	8	14	16	11	15	7	5	1	4	10	6	13	2
5	15	6	4	1	9	8	13	2	12	11	10	16	3	14	7
9	3	1	6	15	5	16	4	12	13	2	8	14	7	10	11
12	7	8	16	11	2	13	6	10	3	4	14	9	1	5	15
11	4	13	5	8	14	9	10	1	15	7	6	2	16	12	3
10	14	2	15	12	3	1	7	11	9	5	16	8	13	6	4

Solution #62

4	7	10	1	11	12	8	3	2	15	9	6	16	5	13	14
15	16	2	6	7	9	5	4	13	11	14	12	8	1	10	3
11	5	3	8	14	10	2	13	1	16	4	7	9	15	12	6
13	9	12	14	1	15	16	6	8	3	10	5	4	11	2	7
5	3	11	16	12	14	1	15	9	2	7	13	6	4	8	10
6	15	7	2	4	3	13	11	5	1	8	10	12	16	14	9
8	1	9	12	2	7	6	10	16	14	15	4	3	13	5	11
14	13	4	10	5	16	9	8	11	12	6	3	2	7	15	1
12	4	16	9	3	13	10	2	14	5	11	1	7	8	6	15
2	6	8	13	16	11	14	12	15	7	3	9	1	10	4	5
1	11	15	5	9	6	4	7	10	13	16	8	14	2	3	12
3	10	14	7	8	1	15	5	6	4	12	2	11	9	16	13
9	8	6	15	13	4	12	16	3	10	1	11	5	14	7	2
10	2	13	4	6	8	3	1	7	9	5	14	15	12	11	16
16	12	1	11	10	5	7	14	4	6	2	15	13	3	9	8
7	14	5	3	15	2	11	9	12	8	13	16	10	6	1	4

Solution #63

7	11	10	9	12	6	5	13	4	15	8	16	14	3	2	1
12	1	6	3	14	16	7	2	9	5	10	13	8	15	4	11
2	4	13	16	11	10	8	15	6	1	14	3	9	7	5	12
5	8	15	14	9	3	1	4	7	2	11	12	6	13	16	10
6	15	16	10	1	4	2	5	12	7	9	14	3	8	11	13
1	2	11	5	8	13	16	10	3	6	15	4	12	9	14	7
4	7	9	13	15	14	12	3	16	11	2	8	5	10	1	6
14	12	3	8	7	9	11	6	10	13	1	5	2	4	15	16
10	5	7	15	13	11	4	14	8	12	3	2	16	1	6	9
16	13	12	6	10	2	9	1	15	4	5	7	11	14	8	3
8	3	1	2	5	7	6	16	14	9	13	11	15	12	10	4
11	9	14	4	3	8	15	12	1	16	6	10	7	5	13	2
15	14	5	1	16	12	3	11	13	10	7	6	4	2	9	8
3	16	2	7	6	15	10	9	5	8	4	1	13	11	12	14
9	6	8	11	4	1	13	7	2	14	12	15	10	16	3	5
13	10	4	12	2	5	14	8	11	3	16	9	1	6	7	15

Solution #64

13	12	9	4	8	15	11	6	7	10	1	16	2	5	3	14
3	2	14	16	9	5	12	7	8	6	4	15	10	11	13	1
1	15	6	11	4	3	16	10	5	14	13	2	8	7	9	12
5	8	10	7	2	1	14	13	9	12	11	3	16	15	4	6
15	9	2	5	7	13	8	11	10	3	6	14	1	4	12	16
6	7	8	13	16	12	3	2	11	1	9	4	5	10	14	15
4	11	16	1	14	9	10	5	15	8	7	12	6	3	2	13
12	10	3	14	1	4	6	15	13	16	2	5	11	8	7	9
7	1	4	3	12	16	9	8	2	13	15	11	14	6	10	5
10	13	15	6	5	2	4	1	12	7	14	9	3	16	11	8
8	16	5	12	10	11	7	14	6	4	3	1	13	9	15	2
9	14	11	2	15	6	13	3	16	5	8	10	7	12	1	4
2	3	13	8	11	10	5	9	1	15	12	6	4	14	16	7
16	6	7	9	13	14	2	12	4	11	10	8	15	1	5	3
11	5	12	15	3	8	1	4	14	2	16	7	9	13	6	10
14	4	1	10	6	7	15	16	3	9	5	13	12	2	8	11

Solution #65

3	7	9	15	13	11	10	1	6	8	5	14	12	16	4	2
1	4	11	10	16	6	3	7	12	2	13	15	14	9	5	8
12	16	6	2	4	8	14	5	1	3	9	11	10	13	7	15
14	8	13	5	2	15	9	12	7	16	10	4	6	3	11	1
6	1	5	11	15	13	16	10	3	7	4	12	9	8	2	14
10	2	15	3	12	4	6	8	14	9	16	5	13	7	1	11
7	14	8	4	3	5	2	9	10	11	1	13	15	12	6	16
16	9	12	13	14	1	7	11	8	6	15	2	5	4	3	10
4	3	7	14	11	12	8	13	15	1	2	10	16	6	9	5
5	15	2	6	1	3	4	14	16	13	8	9	11	10	12	7
11	10	1	9	7	2	15	16	4	5	12	6	8	14	13	3
8	13	16	12	10	9	5	6	11	14	3	7	2	1	15	4
9	11	10	8	5	16	13	4	2	12	7	3	1	15	14	6
2	12	4	7	9	14	1	15	5	10	6	8	3	11	16	13
13	6	3	1	8	7	11	2	9	15	14	16	4	5	10	12
15	5	14	16	6	10	12	3	13	4	11	1	7	2	8	9

Solution #66

16	9	1	13	11	2	4	5	3	10	6	14	12	8	7	15
14	10	12	15	13	9	1	3	16	4	8	7	5	2	6	11
4	6	2	8	14	7	12	15	5	13	9	11	16	1	3	10
3	5	11	7	16	8	10	6	15	12	2	1	13	9	14	4
10	13	8	3	12	5	15	2	9	7	4	16	6	11	1	14
1	4	7	9	3	10	6	11	14	2	12	15	8	5	16	13
12	14	16	5	1	13	8	7	10	3	11	6	2	4	15	9
6	11	15	2	4	14	16	9	13	8	1	5	3	12	10	7
5	3	10	6	8	1	2	14	12	15	13	9	4	7	11	16
11	12	4	16	9	15	7	10	8	1	3	2	14	13	5	6
2	8	13	14	6	11	3	4	7	5	16	10	9	15	12	1
7	15	9	1	5	12	13	16	11	6	14	4	10	3	8	2
9	2	3	12	10	4	14	1	6	11	7	8	15	16	13	5
8	16	5	10	2	6	11	13	1	9	15	3	7	14	4	12
15	1	14	4	7	3	5	12	2	16	10	13	11	6	9	8
13	7	6	11	15	16	9	8	4	14	5	12	1	10	2	3

Solution #67

8	15	9	3	16	4	10	13	14	6	5	12	2	11	7	1
6	2	14	5	7	15	8	1	10	4	13	11	3	16	9	12
1	7	11	12	9	14	6	2	15	3	16	8	13	4	10	5
13	16	10	4	3	11	5	12	2	7	9	1	15	6	14	8
5	10	8	13	4	1	11	15	6	2	7	9	14	3	12	16
4	6	1	16	13	12	14	5	11	15	3	10	7	9	8	2
2	9	15	7	6	16	3	10	12	5	8	14	1	13	11	4
11	3	12	14	2	8	7	9	13	16	1	4	10	15	5	6
3	8	2	1	11	5	16	14	7	9	15	13	4	12	6	10
10	5	6	15	1	3	9	7	4	11	12	2	8	14	16	13
12	13	4	11	15	10	2	6	16	8	14	5	9	1	3	7
16	14	7	9	8	13	12	4	3	1	10	6	11	5	2	15
15	12	13	10	5	2	4	3	9	14	6	7	16	8	1	11
9	11	16	6	14	7	13	8	1	12	2	15	5	10	4	3
7	1	3	8	12	9	15	11	5	10	4	16	6	2	13	14
14	4	5	2	10	6	1	16	8	13	11	3	12	7	15	9

Solution #68

12	15	2	13	14	11	8	4	10	6	3	9	16	7	5	1
9	5	7	10	1	15	16	2	4	13	11	12	14	6	3	8
8	16	11	3	6	10	7	13	15	1	5	14	2	4	12	9
6	14	4	1	5	9	12	3	8	16	2	7	10	11	15	13
15	10	13	16	9	12	1	8	5	14	7	11	6	2	4	3
2	3	6	12	16	7	15	5	1	10	8	4	13	14	9	11
7	8	1	11	10	2	4	14	13	3	9	6	15	5	16	12
4	9	5	14	3	6	13	11	12	2	15	16	7	8	1	10
16	13	8	9	15	14	10	6	11	5	1	2	3	12	7	4
1	4	10	6	7	8	11	16	3	15	12	13	5	9	14	2
14	11	12	2	13	3	5	9	7	4	16	10	1	15	8	6
3	7	15	5	12	4	2	1	6	9	14	8	11	10	13	16
11	6	3	8	2	5	9	15	16	7	4	1	12	13	10	14
10	12	14	4	11	16	3	7	2	8	13	15	9	1	6	5
5	1	9	7	8	13	6	12	14	11	10	3	4	16	2	15
13	2	16	15	4	1	14	10	9	12	6	5	8	3	11	7

Solution #69

11	1	8	7	12	13	15	5	2	3	4	10	14	16	6	9
14	10	4	9	16	2	7	8	15	11	5	6	3	13	12	1
15	3	12	13	10	14	1	6	7	9	16	8	11	5	4	2
2	6	16	5	9	11	3	4	12	1	13	14	7	15	8	10
1	12	15	16	6	10	9	14	8	4	3	13	2	7	5	11
10	4	14	6	2	7	16	11	1	15	9	5	8	3	13	12
8	5	13	11	3	15	12	1	14	6	7	2	16	10	9	4
3	7	9	2	5	4	8	13	11	12	10	16	15	1	14	6
16	11	6	4	8	5	10	7	13	14	1	9	12	2	15	3
13	8	1	14	15	3	11	9	5	2	12	7	4	6	10	16
12	2	10	15	4	1	13	16	6	8	11	3	5	9	7	14
7	9	5	3	14	6	2	12	10	16	15	4	13	11	1	8
6	15	3	12	11	16	5	10	4	13	8	1	9	14	2	7
4	13	7	8	1	9	6	2	16	5	14	11	10	12	3	15
5	14	11	1	7	12	4	3	9	10	2	15	6	8	16	13
9	16	2	10	13	8	14	15	3	7	6	12	1	4	11	5

Solution #70

14	5	16	13	2	1	8	7	12	10	15	4	9	11	6	3
10	7	12	1	6	4	16	3	2	8	11	9	5	13	14	15
11	9	15	6	12	13	5	10	14	16	3	7	4	2	1	8
2	4	3	8	15	11	9	14	1	6	13	5	7	10	12	16
6	11	2	16	1	3	10	12	5	4	8	15	13	7	9	14
1	15	8	7	9	6	11	13	10	12	2	14	3	16	5	4
12	10	4	9	16	5	14	8	11	3	7	13	15	6	2	1
5	13	14	3	7	2	4	15	16	9	6	1	8	12	10	11
9	1	5	10	13	16	2	6	8	14	4	12	11	15	3	7
4	6	13	2	8	9	15	11	3	7	5	10	14	1	16	12
15	8	11	12	3	14	7	5	13	1	16	6	2	9	4	10
16	3	7	14	4	10	12	1	15	2	9	11	6	8	13	5
13	12	10	5	14	8	6	2	7	15	1	3	16	4	11	9
8	2	9	11	10	7	1	4	6	5	14	16	12	3	15	13
7	14	1	4	11	15	3	16	9	13	12	2	10	5	8	6
3	16	6	15	5	12	13	9	4	11	10	8	1	14	7	2

Solution #71

9	6	1	15	3	2	14	10	16	7	13	5	4	11	8	12
2	13	3	5	15	1	9	6	12	4	11	8	7	14	10	16
4	16	12	14	11	7	8	5	6	2	9	10	3	13	15	1
7	8	11	10	4	16	12	13	14	15	1	3	5	2	6	9
6	2	13	12	9	14	15	1	8	10	7	11	16	5	3	4
3	10	8	9	6	5	11	7	4	13	16	12	2	1	14	15
16	15	14	1	13	8	2	4	9	5	3	6	10	7	12	11
11	7	5	4	10	3	16	12	15	14	2	1	8	9	13	6
8	11	15	13	5	10	1	9	3	12	4	7	14	6	16	2
10	5	2	3	8	12	13	15	11	6	14	16	1	4	9	7
1	12	16	7	14	4	6	3	13	9	5	2	15	8	11	10
14	4	9	6	16	11	7	2	10	1	8	15	13	12	5	3
12	14	7	11	2	9	4	16	5	3	10	13	6	15	1	8
5	1	10	8	7	15	3	14	2	11	6	9	12	16	4	13
13	9	4	2	12	6	10	8	1	16	15	14	11	3	7	5
15	3	6	16	1	13	5	11	7	8	12	4	9	10	2	14

Solution #72

4	9	7	11	1	13	15	14	16	5	10	2	6	12	3	8
15	10	6	16	12	8	11	7	1	3	14	9	4	13	5	2
13	2	3	1	5	4	16	10	6	11	12	8	9	14	7	15
14	8	5	12	3	9	6	2	15	7	13	4	1	11	16	10
12	5	10	2	8	14	9	3	4	6	15	11	16	7	1	13
9	15	14	6	7	2	5	1	12	10	16	13	11	8	4	3
3	11	16	13	15	12	10	4	7	8	1	14	5	9	2	6
8	4	1	7	16	11	13	6	5	2	9	3	14	10	15	12
11	12	15	4	6	16	1	8	9	14	7	10	3	2	13	5
6	16	13	3	14	7	2	15	8	12	4	5	10	1	11	9
10	14	8	9	13	5	4	11	3	15	2	1	7	6	12	16
1	7	2	5	10	3	12	9	11	13	6	16	8	15	14	4
5	13	9	8	4	6	3	12	2	1	11	7	15	16	10	14
7	6	11	14	2	15	8	16	10	4	3	12	13	5	9	1
2	1	4	15	9	10	7	13	14	16	5	6	12	3	8	11
16	3	12	10	11	1	14	5	13	9	8	15	2	4	6	7

Solution #73

7	9	1	2	11	8	15	4	13	16	5	14	6	10	3	12
4	16	5	6	3	12	7	9	10	1	2	15	14	11	8	13
8	11	3	10	6	16	14	13	4	9	12	7	15	5	2	1
15	14	13	12	5	1	2	10	6	3	11	8	16	9	7	4
12	15	14	5	9	2	6	8	11	4	13	10	1	3	16	7
3	8	9	4	14	11	13	15	16	2	7	1	10	12	6	5
1	10	11	16	7	3	4	12	5	6	8	9	2	13	15	14
13	6	2	7	1	5	10	16	15	12	14	3	4	8	11	9
16	5	7	1	4	13	12	11	8	14	3	2	9	15	10	6
6	3	12	15	8	9	16	14	1	5	10	13	11	7	4	2
11	2	8	13	15	10	1	3	9	7	6	4	12	14	5	16
9	4	10	14	2	6	5	7	12	15	16	11	3	1	13	8
2	7	15	11	12	14	9	5	3	8	4	6	13	16	1	10
14	1	4	3	13	15	8	2	7	10	9	16	5	6	12	11
10	12	6	9	16	7	11	1	2	13	15	5	8	4	14	3
5	13	16	8	10	4	3	6	14	11	1	12	7	2	9	15

Solution #74

4	9	15	1	11	7	14	5	6	3	13	2	12	16	8	10
6	13	5	12	16	1	10	3	11	14	7	8	2	15	4	9
2	8	3	7	15	6	4	12	9	1	10	16	5	14	11	13
10	14	11	16	13	9	8	2	12	4	5	15	6	3	7	1
5	10	16	3	6	8	12	14	2	15	4	13	1	11	9	7
11	6	1	9	5	15	16	13	7	10	12	3	4	2	14	8
13	12	2	14	9	3	7	4	5	8	11	1	16	10	15	6
7	4	8	15	2	10	1	11	14	9	16	6	3	5	13	12
1	15	10	11	12	13	5	16	8	2	14	9	7	4	6	3
12	5	4	8	10	14	11	9	16	6	3	7	15	13	1	2
14	2	9	6	3	4	15	7	10	13	1	5	8	12	16	11
3	16	7	13	1	2	6	8	4	11	15	12	14	9	10	5
8	11	14	4	7	16	2	6	3	5	9	10	13	1	12	15
16	7	13	10	4	5	3	15	1	12	6	11	9	8	2	14
9	3	12	2	14	11	13	1	15	7	8	4	10	6	5	16
15	1	6	5	8	12	9	10	13	16	2	14	11	7	3	4

Solution #75

8	9	5	11	1	14	7	2	3	16	4	6	12	13	15	10
3	15	2	6	9	13	4	5	8	7	10	12	16	11	1	14
13	1	14	12	6	10	8	16	9	11	15	5	7	2	3	4
7	10	4	16	12	3	11	15	13	1	14	2	8	5	9	6
11	4	16	2	3	7	13	12	6	10	8	1	9	14	5	15
15	7	9	1	10	2	16	8	11	5	3	14	4	6	12	13
12	8	3	13	14	15	5	6	4	9	7	16	11	10	2	1
14	5	6	10	4	11	9	1	15	2	12	13	3	8	7	16
2	12	8	3	7	16	6	4	10	14	11	15	5	1	13	9
10	16	13	4	5	12	15	11	7	8	1	9	6	3	14	2
1	6	11	5	8	9	14	10	16	13	2	3	15	7	4	12
9	14	7	15	13	1	2	3	12	6	5	4	10	16	11	8
16	11	12	9	2	4	10	14	5	3	13	8	1	15	6	7
6	13	10	8	15	5	1	7	14	4	9	11	2	12	16	3
4	3	1	7	11	6	12	13	2	15	16	10	14	9	8	5
5	2	15	14	16	8	3	9	1	12	6	7	13	4	10	11

Solution #76

7	16	9	1	10	3	8	4	15	13	5	14	6	12	2	11
4	11	13	10	14	15	5	9	7	12	6	2	1	8	3	16
8	6	15	12	2	16	7	1	11	3	10	9	4	5	13	14
2	5	14	3	11	13	6	12	16	1	8	4	15	9	10	7
15	14	1	8	7	11	4	16	6	5	12	10	2	3	9	13
13	4	7	9	12	14	1	6	3	15	2	16	10	11	5	8
10	2	12	16	3	8	9	5	4	11	13	1	7	6	14	15
11	3	6	5	13	2	15	10	8	9	14	7	16	1	4	12
1	7	3	14	16	10	12	13	9	2	15	6	8	4	11	5
9	12	10	13	1	5	11	7	14	4	16	8	3	15	6	2
5	8	2	4	9	6	3	15	1	7	11	12	13	14	16	10
6	15	16	11	8	4	2	14	13	10	3	5	12	7	1	9
3	10	5	2	15	9	16	8	12	6	1	11	14	13	7	4
14	13	4	7	6	1	10	2	5	8	9	15	11	16	12	3
12	1	11	15	5	7	14	3	10	16	4	13	9	2	8	6
16	9	8	6	4	12	13	11	2	14	7	3	5	10	15	1

Solution #77

1	2	7	13	11	15	6	4	5	14	16	12	3	10	9	8
15	9	8	10	12	14	7	3	4	13	6	11	1	2	16	5
5	12	11	14	10	13	16	9	1	2	8	3	7	4	6	15
6	16	4	3	1	8	5	2	15	10	7	9	13	14	11	12
12	5	16	11	9	10	15	6	3	7	2	1	14	8	13	4
8	3	1	4	2	12	13	7	14	15	11	16	10	9	5	6
10	13	15	2	8	4	14	16	9	5	12	6	11	3	1	7
9	14	6	7	5	1	3	11	8	4	13	10	12	16	15	2
14	1	13	15	7	16	8	10	6	3	9	4	5	12	2	11
7	4	10	6	13	3	1	14	11	12	5	2	16	15	8	9
2	8	12	5	6	11	9	15	13	16	1	14	4	7	10	3
3	11	9	16	4	5	2	12	7	8	10	15	6	1	14	13
13	10	2	12	14	9	11	8	16	6	3	7	15	5	4	1
16	7	5	1	15	6	10	13	12	9	4	8	2	11	3	14
11	15	3	8	16	7	4	5	2	1	14	13	9	6	12	10
4	6	14	9	3	2	12	1	10	11	15	5	8	13	7	16

Solution #78

10	5	12	7	2	1	4	14	11	3	9	8	6	16	15	13
8	14	9	3	16	11	13	5	7	12	15	6	10	4	2	1
16	13	6	1	9	15	3	8	4	14	2	10	5	11	12	7
11	15	4	2	6	12	7	10	16	5	13	1	3	9	8	14
2	9	14	10	7	13	6	1	5	8	4	12	16	15	3	11
12	7	15	6	3	5	16	11	1	10	14	13	2	8	9	4
3	4	8	13	15	10	9	2	6	7	11	16	12	1	14	5
1	11	5	16	8	4	14	12	15	9	3	2	7	10	13	6
5	8	1	4	10	9	15	3	13	11	16	7	14	2	6	12
9	16	2	14	13	8	1	6	10	4	12	3	11	7	5	15
15	3	7	11	12	14	2	16	9	1	6	5	4	13	10	8
13	6	10	12	11	7	5	4	2	15	8	14	1	3	16	9
14	1	13	5	4	2	12	9	8	16	10	11	15	6	7	3
6	12	16	9	1	3	8	15	14	2	7	4	13	5	11	10
7	10	3	8	5	16	11	13	12	6	1	15	9	14	4	2
4	2	11	15	14	6	10	7	3	13	5	9	8	12	1	16

Solution #79

9	7	13	8	2	14	5	11	6	1	16	3	15	12	4	10
16	1	11	4	3	13	8	12	2	9	15	10	6	5	14	7
2	3	15	10	9	4	7	6	13	12	14	5	8	1	16	11
6	14	5	12	1	10	16	15	7	11	4	8	9	13	3	2
10	15	8	7	14	11	2	3	16	5	1	9	12	4	13	6
14	12	2	5	6	16	1	13	15	3	7	4	11	9	10	8
1	6	3	13	4	12	10	9	14	2	8	11	16	15	7	5
4	11	16	9	7	5	15	8	12	6	10	13	2	14	1	3
8	13	7	15	5	1	11	4	3	14	2	12	10	16	6	9
3	4	14	11	13	9	6	16	1	10	5	15	7	8	2	12
12	16	1	2	15	8	3	10	4	7	9	6	13	11	5	14
5	9	10	6	12	2	14	7	11	8	13	16	4	3	15	1
13	8	12	3	16	7	9	14	10	15	6	1	5	2	11	4
11	5	6	14	8	15	4	2	9	13	3	7	1	10	12	16
15	2	4	1	10	6	12	5	8	16	11	14	3	7	9	13
7	10	9	16	11	3	13	1	5	4	12	2	14	6	8	15

Solution #80

2	6	13	8	11	16	12	15	4	1	10	3	9	14	7	5
11	1	10	16	13	9	2	8	12	5	14	7	6	3	15	4
12	14	9	15	3	7	5	4	13	2	8	6	1	11	10	16
5	4	7	3	1	10	6	14	11	16	9	15	13	12	2	8
3	13	1	6	9	15	10	12	8	11	5	4	14	2	16	7
16	10	8	7	6	11	4	5	15	12	2	14	3	1	13	9
9	2	14	4	8	3	16	7	10	6	1	13	5	15	12	11
15	5	12	11	2	13	14	1	7	9	3	16	8	6	4	10
6	15	16	13	7	1	3	9	14	4	12	5	10	8	11	2
4	9	3	2	5	6	13	11	1	8	15	10	16	7	14	12
10	8	5	1	12	14	15	2	6	7	16	11	4	13	9	3
7	12	11	14	16	4	8	10	9	3	13	2	15	5	1	6
14	16	6	9	10	2	7	3	5	13	11	1	12	4	8	15
1	7	4	5	14	8	9	16	2	15	6	12	11	10	3	13
13	3	15	10	4	12	11	6	16	14	7	8	2	9	5	1
8	11	2	12	15	5	1	13	3	10	4	9	7	16	6	14

Solution #81

3	8	13	10	16	12	5	11	2	4	9	14	6	1	7	15
12	5	15	7	3	10	13	1	8	16	6	11	2	14	9	4
14	11	4	6	7	8	9	2	3	13	15	1	5	16	10	12
16	9	2	1	4	6	15	14	7	12	5	10	3	11	8	13
15	16	3	12	5	1	11	4	14	2	7	9	8	6	13	10
2	14	7	13	10	15	6	16	11	3	4	8	9	5	12	1
4	1	8	11	9	2	14	12	13	5	10	6	15	7	3	16
5	6	10	9	13	3	7	8	15	1	12	16	14	4	11	2
10	13	6	3	14	9	1	5	12	15	16	4	7	8	2	11
11	12	14	15	2	13	16	6	10	9	8	7	1	3	4	5
1	4	16	8	12	7	10	3	6	11	2	5	13	15	14	9
9	7	5	2	11	4	8	15	1	14	3	13	12	10	16	6
13	10	1	16	15	11	12	7	5	8	14	2	4	9	6	3
8	3	11	4	6	16	2	13	9	7	1	15	10	12	5	14
7	2	9	5	1	14	3	10	4	6	11	12	16	13	15	8
6	15	12	14	8	5	4	9	16	10	13	3	11	2	1	7

Solution #82

15	13	16	8	4	7	11	10	3	9	1	14	12	5	2	6
6	9	12	14	2	5	1	15	16	7	10	11	13	3	8	4
5	2	4	1	14	13	3	9	6	15	12	8	11	16	7	10
3	7	11	10	16	12	8	6	5	13	4	2	9	15	1	14
14	5	9	6	10	11	2	12	7	16	15	1	8	13	4	3
2	15	7	3	6	1	13	5	12	8	11	4	10	14	9	16
13	4	10	16	3	15	7	8	9	2	14	5	1	11	6	12
1	12	8	11	9	16	4	14	13	10	6	3	5	2	15	7
12	8	3	7	5	4	14	11	10	1	16	9	2	6	13	15
11	6	13	5	15	2	12	16	14	3	8	7	4	1	10	9
4	1	2	15	13	10	9	3	11	6	5	12	16	7	14	8
16	10	14	9	7	8	6	1	2	4	13	15	3	12	11	5
8	14	1	4	12	9	16	2	15	11	3	6	7	10	5	13
10	16	5	2	1	6	15	7	4	12	9	13	14	8	3	11
9	11	15	12	8	3	5	13	1	14	7	10	6	4	16	2
7	3	6	13	11	14	10	4	8	5	2	16	15	9	12	1

Solution #83

12	8	10	1	13	9	11	4	7	15	3	16	14	6	2	5
14	15	7	4	1	5	6	16	2	13	12	9	10	8	11	3
5	11	6	3	10	15	12	2	8	4	14	1	9	7	16	13
16	13	9	2	14	7	8	3	5	6	10	11	15	4	1	12
4	6	8	13	15	2	9	10	11	14	5	3	1	12	7	16
10	1	16	12	4	8	3	6	15	2	13	7	5	14	9	11
2	5	15	7	16	13	14	11	12	1	9	10	8	3	6	4
9	14	3	11	12	1	5	7	16	8	4	6	2	13	15	10
3	4	11	5	6	16	1	13	10	7	2	8	12	9	14	15
1	2	13	16	9	3	4	15	6	12	11	14	7	10	5	8
6	9	12	10	2	14	7	8	4	3	15	5	11	16	13	1
15	7	14	8	11	12	10	5	9	16	1	13	3	2	4	6
11	12	1	9	3	10	16	14	13	5	6	2	4	15	8	7
13	10	4	14	8	6	15	9	1	11	7	12	16	5	3	2
7	16	2	15	5	11	13	12	3	9	8	4	6	1	10	14
8	3	5	6	7	4	2	1	14	10	16	15	13	11	12	9

Solution #84

2	16	5	9	6	8	12	3	11	7	1	15	14	4	13	10
11	10	1	15	16	7	13	4	9	5	8	14	6	2	3	12
14	12	4	8	2	11	9	10	3	13	6	16	1	7	15	5
7	13	6	3	14	15	1	5	4	12	10	2	11	8	16	9
1	4	11	5	7	10	6	8	12	15	9	13	16	14	2	3
8	2	13	10	3	1	4	15	6	14	16	5	9	11	12	7
6	3	14	16	12	5	11	9	10	4	2	7	15	1	8	13
15	7	9	12	13	14	16	2	1	3	11	8	5	10	6	4
9	15	7	14	4	12	5	1	16	11	13	6	8	3	10	2
10	6	16	2	11	9	7	13	8	1	4	3	12	15	5	14
3	11	8	1	10	6	15	14	7	2	5	12	13	9	4	16
4	5	12	13	8	2	3	16	14	9	15	10	7	6	11	1
13	14	10	4	9	3	8	11	5	6	12	1	2	16	7	15
5	1	3	6	15	13	10	7	2	16	14	11	4	12	9	8
16	8	2	11	5	4	14	12	15	10	7	9	3	13	1	6
12	9	15	7	1	16	2	6	13	8	3	4	10	5	14	11

Solution #85

2	14	12	7	4	9	15	3	13	1	6	8	10	16	11	5
16	13	15	10	11	7	1	8	4	5	12	9	6	3	14	2
6	9	1	3	10	5	14	12	2	7	16	11	8	4	15	13
11	4	8	5	13	6	2	16	14	3	15	10	12	7	9	1
8	1	4	6	14	12	3	7	5	16	2	15	11	10	13	9
14	5	11	2	1	8	10	15	3	6	9	13	4	12	16	7
12	3	7	16	5	11	13	9	8	4	10	14	2	6	1	15
15	10	13	9	2	16	4	6	12	11	7	1	3	8	5	14
1	15	9	4	16	2	5	14	10	12	11	3	7	13	6	8
3	16	10	13	8	15	7	11	6	9	14	5	1	2	12	4
7	11	2	14	6	1	12	10	15	13	8	4	5	9	3	16
5	12	6	8	3	4	9	13	16	2	1	7	15	14	10	11
9	7	16	12	15	10	6	4	1	14	5	2	13	11	8	3
13	8	14	15	9	3	11	5	7	10	4	6	16	1	2	12
10	2	5	11	7	13	16	1	9	8	3	12	14	15	4	6
4	6	3	1	12	14	8	2	11	15	13	16	9	5	7	10

Solution #86

9	8	7	1	3	16	6	11	4	13	5	2	10	14	15	12
14	3	15	2	5	7	13	4	6	8	10	12	9	1	11	16
10	16	4	5	8	15	12	2	11	14	9	1	7	6	13	3
6	12	13	11	10	14	9	1	7	16	15	3	4	8	5	2
1	11	12	8	6	13	4	14	3	7	16	10	5	15	2	9
16	15	9	14	2	11	8	7	12	6	1	5	3	4	10	13
4	5	3	10	9	1	16	15	8	11	2	13	12	7	14	6
7	13	2	6	12	10	5	3	9	4	14	15	1	16	8	11
8	9	1	13	11	12	2	16	10	5	7	14	6	3	4	15
2	10	6	7	14	3	15	5	16	9	11	4	13	12	1	8
11	4	5	12	1	9	7	8	15	3	13	6	14	2	16	10
3	14	16	15	4	6	10	13	2	1	12	8	11	9	7	5
12	1	11	3	16	8	14	10	5	2	4	9	15	13	6	7
13	6	8	4	7	5	11	12	1	15	3	16	2	10	9	14
5	2	14	9	15	4	3	6	13	10	8	7	16	11	12	1
15	7	10	16	13	2	1	9	14	12	6	11	8	5	3	4

Solution #87

10	13	12	16	14	3	7	6	5	11	8	1	9	2	15	4
3	1	5	15	11	4	8	12	9	7	16	2	10	13	14	6
4	7	2	9	10	16	5	15	14	12	6	13	11	8	1	3
14	6	11	8	1	9	13	2	15	10	3	4	12	7	16	5
16	14	3	6	7	2	11	9	13	5	4	8	1	15	12	10
2	12	9	5	3	1	15	4	10	6	14	16	8	11	13	7
15	11	7	10	16	13	12	8	3	2	1	9	5	6	4	14
1	8	4	13	5	14	6	10	12	15	11	7	3	9	2	16
7	3	14	4	15	11	10	16	6	9	13	5	2	12	8	1
9	15	16	11	2	8	14	5	4	1	7	12	6	10	3	13
8	5	6	2	13	12	9	1	16	3	10	11	14	4	7	15
12	10	13	1	6	7	4	3	8	14	2	15	16	5	11	9
13	4	10	14	8	6	2	7	11	16	9	3	15	1	5	12
11	9	8	7	12	5	16	14	1	4	15	6	13	3	10	2
5	2	15	3	9	10	1	11	7	13	12	14	4	16	6	8
6	16	1	12	4	15	3	13	2	8	5	10	7	14	9	11

Solution #88

14	15	5	3	6	16	2	10	13	12	1	11	4	7	8	9
1	8	10	6	12	13	4	3	16	15	7	9	5	2	14	11
13	4	9	11	15	8	7	1	10	5	2	14	3	12	6	16
7	16	2	12	11	14	9	5	8	6	4	3	10	1	13	15
6	13	14	1	2	7	15	11	12	8	5	10	16	4	9	3
9	3	11	2	1	10	13	4	6	16	15	7	14	5	12	8
8	12	16	4	14	9	5	6	3	13	11	2	15	10	1	7
10	5	7	15	3	12	8	16	9	4	14	1	6	11	2	13
3	7	12	16	5	6	14	15	11	10	9	13	2	8	4	1
11	1	13	14	8	4	16	7	5	2	12	6	9	15	3	10
5	9	6	10	13	3	11	2	4	1	8	15	12	16	7	14
4	2	15	8	10	1	12	9	7	14	3	16	11	13	5	6
12	6	4	5	9	11	1	13	15	3	16	8	7	14	10	2
2	10	1	13	7	15	3	12	14	11	6	5	8	9	16	4
16	11	8	9	4	2	6	14	1	7	10	12	13	3	15	5
15	14	3	7	16	5	10	8	2	9	13	4	1	6	11	12

Solution #89

8	4	5	7	14	13	16	15	10	11	12	3	2	6	1	9
3	15	13	11	8	12	1	2	6	14	7	9	10	16	5	4
10	2	12	16	11	6	4	9	15	5	13	1	8	14	7	3
1	6	9	14	3	7	5	10	4	2	8	16	15	11	13	12
13	16	2	8	6	14	3	7	5	4	1	12	9	15	11	10
15	9	3	4	12	5	11	16	7	10	2	14	1	8	6	13
11	12	6	1	4	2	10	8	13	9	3	15	14	7	16	5
5	7	14	10	1	9	15	13	11	8	16	6	4	3	12	2
12	1	8	9	15	3	7	4	2	13	14	11	16	5	10	6
6	10	11	15	16	8	9	14	1	12	4	5	3	13	2	7
14	3	16	5	13	1	2	11	9	6	10	7	12	4	15	8
7	13	4	2	5	10	6	12	3	16	15	8	11	1	9	14
4	8	10	3	2	15	12	5	16	7	11	13	6	9	14	1
9	5	15	12	10	16	13	3	14	1	6	4	7	2	8	11
2	11	1	13	7	4	14	6	8	15	9	10	5	12	3	16
16	14	7	6	9	11	8	1	12	3	5	2	13	10	4	15

Solution #90

7	10	15	13	11	4	14	8	2	1	6	12	9	16	5	3
11	2	14	4	16	6	10	12	5	15	9	3	13	8	7	1
9	16	1	3	5	15	2	13	11	14	7	8	4	6	12	10
8	5	12	6	7	1	3	9	16	10	4	13	14	15	2	11
13	11	10	14	6	16	1	7	15	4	5	2	8	12	3	9
5	6	8	9	14	13	12	10	3	16	1	7	11	2	15	4
2	7	4	16	9	8	15	3	14	11	12	6	1	10	13	5
1	15	3	12	4	2	11	5	9	13	8	10	6	7	14	16
6	3	13	1	8	14	16	4	12	2	10	9	15	5	11	7
16	8	5	10	15	7	13	1	6	3	11	4	2	14	9	12
4	9	7	2	3	12	6	11	1	5	14	15	16	13	10	8
12	14	11	15	10	9	5	2	8	7	13	16	3	4	1	6
3	1	6	7	13	11	8	14	4	12	2	5	10	9	16	15
14	13	16	11	12	10	4	6	7	9	15	1	5	3	8	2
10	4	9	5	2	3	7	15	13	8	16	11	12	1	6	14
15	12	2	8	1	5	9	16	10	6	3	14	7	11	4	13

Solution #91

13	12	8	15	7	2	11	6	14	1	3	10	9	4	16	5
6	10	11	16	13	8	14	1	7	9	5	4	2	15	12	3
2	7	9	5	12	15	4	3	13	8	16	11	14	6	1	10
14	4	1	3	16	10	5	9	6	12	2	15	8	7	11	13
7	2	12	8	14	9	16	4	3	10	13	1	6	11	5	15
15	5	3	1	11	12	7	13	2	6	9	14	10	8	4	16
16	14	6	10	2	1	8	5	11	15	4	12	13	3	7	9
4	11	13	9	6	3	15	10	8	16	7	5	12	14	2	1
8	16	7	6	9	13	3	11	10	5	14	2	4	1	15	12
10	15	4	14	5	16	2	7	12	13	1	6	3	9	8	11
12	1	2	13	8	4	10	15	16	3	11	9	7	5	14	6
9	3	5	11	1	14	6	12	15	4	8	7	16	13	10	2
1	8	10	2	4	5	12	14	9	11	6	3	15	16	13	7
3	13	15	7	10	11	9	8	5	14	12	16	1	2	6	4
5	6	14	12	3	7	1	16	4	2	15	13	11	10	9	8
11	9	16	4	15	6	13	2	1	7	10	8	5	12	3	14

Solution #92

16	7	1	15	5	2	10	9	13	12	14	11	6	8	3	4
5	4	9	14	6	13	7	8	15	3	2	10	12	11	16	1
6	12	11	8	14	3	15	1	9	16	4	7	13	2	10	5
3	13	10	2	4	11	16	12	8	6	1	5	9	14	15	7
8	15	14	1	16	4	9	5	6	2	7	13	3	10	11	12
11	16	3	12	7	14	1	10	5	15	9	8	4	13	2	6
2	9	7	4	3	8	13	6	12	10	11	1	15	5	14	16
13	6	5	10	11	15	12	2	16	14	3	4	8	1	7	9
1	2	6	13	9	10	8	16	11	7	12	3	14	4	5	15
14	11	8	7	1	6	3	13	10	4	5	15	16	9	12	2
12	10	4	9	2	5	14	15	1	8	16	6	11	7	13	3
15	3	16	5	12	7	4	11	14	9	13	2	10	6	1	8
7	14	12	6	8	16	11	3	2	5	10	9	1	15	4	13
4	5	15	3	10	1	6	14	7	13	8	12	2	16	9	11
9	1	13	16	15	12	2	7	4	11	6	14	5	3	8	10
10	8	2	11	13	9	5	4	3	1	15	16	7	12	6	14

Solution #93

6	7	4	2	9	16	14	10	15	3	12	13	8	1	5	11
8	1	3	5	15	2	13	6	7	4	10	11	12	9	14	16
10	12	9	13	11	3	4	8	14	16	1	5	15	2	7	6
15	14	11	16	1	12	5	7	9	2	8	6	4	13	3	10
1	11	14	10	8	6	16	15	3	13	4	2	5	7	12	9
7	2	5	4	10	1	12	14	6	9	16	15	13	11	8	3
9	16	13	15	2	4	11	3	8	7	5	12	14	6	10	1
3	6	8	12	13	5	7	9	10	11	14	1	2	4	16	15
16	9	10	8	4	11	1	13	2	15	3	14	7	12	6	5
5	15	12	3	16	10	9	2	11	8	6	7	1	14	4	13
11	13	1	14	6	7	8	5	12	10	9	4	3	16	15	2
2	4	7	6	3	14	15	12	1	5	13	16	11	10	9	8
13	8	2	9	5	15	6	1	4	12	7	10	16	3	11	14
12	5	15	1	7	9	10	11	16	14	2	3	6	8	13	4
4	10	6	7	14	13	3	16	5	1	11	8	9	15	2	12
14	3	16	11	12	8	2	4	13	6	15	9	10	5	1	7

Solution #94

12	16	3	7	15	6	1	11	14	2	13	8	4	5	10	9
1	2	15	4	7	16	8	12	6	10	5	9	14	11	3	13
14	11	5	9	3	13	4	10	16	15	7	1	12	8	2	6
10	8	6	13	14	5	2	9	4	11	3	12	16	1	15	7
3	14	4	5	1	15	6	16	9	13	10	11	8	2	7	12
9	13	10	12	2	4	11	14	8	7	1	6	5	3	16	15
7	1	16	8	12	3	10	13	2	14	15	5	11	9	6	4
15	6	2	11	9	7	5	8	3	4	12	16	1	13	14	10
8	4	14	16	11	2	7	1	5	6	9	13	10	15	12	3
13	7	1	15	6	8	3	4	12	16	2	10	9	14	11	5
11	10	9	2	13	12	14	5	1	3	4	15	7	6	8	16
5	3	12	6	16	10	9	15	11	8	14	7	13	4	1	2
16	5	11	10	4	1	15	6	7	9	8	2	3	12	13	14
2	15	13	3	8	9	12	7	10	5	11	14	6	16	4	1
6	12	7	14	5	11	13	3	15	1	16	4	2	10	9	8
4	9	8	1	10	14	16	2	13	12	6	3	15	7	5	11

Solution #95

13	6	16	9	8	11	1	7	12	5	4	15	2	14	3	10
7	2	4	1	5	3	12	13	11	14	8	10	16	6	15	9
12	11	14	3	6	2	10	15	1	13	9	16	4	5	7	8
5	10	8	15	16	9	14	4	7	2	3	6	12	11	1	13
2	16	10	12	4	7	13	6	8	11	15	1	14	9	5	3
9	1	15	13	14	5	3	12	6	10	2	7	8	4	16	11
8	7	6	5	9	16	11	10	3	12	14	4	15	1	13	2
11	4	3	14	1	8	15	2	16	9	5	13	10	7	6	12
14	12	5	6	7	4	8	3	15	16	10	11	13	2	9	1
1	15	11	8	10	6	9	14	5	3	13	2	7	12	4	16
10	13	2	16	12	1	5	11	4	6	7	9	3	8	14	15
4	3	9	7	15	13	2	16	14	1	12	8	6	10	11	5
3	5	7	4	11	15	6	9	10	8	16	12	1	13	2	14
16	14	12	2	3	10	7	1	13	4	11	5	9	15	8	6
15	9	1	11	13	12	16	8	2	7	6	14	5	3	10	4
6	8	13	10	2	14	4	5	9	15	1	3	11	16	12	7

Solution #96

11	13	15	6	12	9	5	10	8	16	7	4	3	2	1	14
5	3	10	16	14	1	11	13	6	12	2	15	9	7	4	8
2	1	14	8	15	3	4	7	13	5	11	9	6	10	16	12
7	9	4	12	8	2	6	16	14	10	1	3	5	13	15	11
10	5	7	2	13	4	1	15	16	8	3	14	12	11	6	9
8	14	12	4	7	16	3	2	11	13	9	6	15	5	10	1
16	15	13	11	6	10	8	9	2	1	12	5	7	14	3	4
9	6	1	3	11	14	12	5	10	15	4	7	13	8	2	16
6	10	5	7	9	12	16	3	15	14	8	13	4	1	11	2
3	2	16	13	1	15	10	6	9	4	5	11	14	12	8	7
15	4	9	1	2	11	14	8	3	7	10	12	16	6	13	5
12	8	11	14	5	13	7	4	1	6	16	2	10	15	9	3
4	7	3	15	10	5	2	1	12	9	13	8	11	16	14	6
13	12	8	5	3	6	15	11	4	2	14	16	1	9	7	10
14	11	6	10	16	8	9	12	7	3	15	1	2	4	5	13
1	16	2	9	4	7	13	14	5	11	6	10	8	3	12	15

Solution #97

7	5	12	6	13	8	2	15	1	10	16	4	14	11	3	9
8	16	4	10	1	9	12	11	7	3	15	14	5	13	6	2
13	1	11	14	6	4	7	3	12	2	9	5	15	10	8	16
2	15	9	3	10	16	5	14	11	13	6	8	1	4	12	7
15	13	10	4	8	14	1	9	2	5	11	16	12	3	7	6
5	14	2	12	16	10	6	13	8	1	3	7	11	9	15	4
11	8	6	16	5	3	15	7	4	14	12	9	13	1	2	10
9	7	3	1	2	12	11	4	15	6	13	10	16	5	14	8
10	4	1	7	14	2	13	16	9	15	8	11	3	6	5	12
16	11	14	5	7	6	8	1	3	12	4	2	10	15	9	13
12	6	8	13	9	15	3	5	10	7	14	1	4	2	16	11
3	9	15	2	4	11	10	12	6	16	5	13	7	8	1	14
14	10	13	15	12	1	9	2	5	11	7	6	8	16	4	3
4	12	5	11	3	7	16	8	13	9	2	15	6	14	10	1
6	3	16	9	15	13	4	10	14	8	1	12	2	7	11	5
1	2	7	8	11	5	14	6	16	4	10	3	9	12	13	15

Solution #98

12	3	7	13	9	11	2	4	1	5	10	15	6	16	8	14
6	2	5	14	16	12	1	13	11	4	7	8	9	10	15	3
1	16	9	10	8	14	15	7	6	2	12	3	4	13	5	11
15	4	11	8	10	6	5	3	9	16	14	13	1	12	7	2
13	10	4	2	12	9	3	15	14	1	5	16	8	11	6	7
9	5	12	11	6	13	4	14	8	10	2	7	16	3	1	15
7	1	16	15	5	2	11	8	4	9	3	6	12	14	13	10
14	8	6	3	1	16	7	10	13	11	15	12	2	5	9	4
8	11	14	12	7	4	10	16	15	13	9	5	3	6	2	1
16	15	13	7	2	8	12	6	3	14	4	1	10	9	11	5
2	9	3	5	13	1	14	11	16	7	6	10	15	4	12	8
4	6	10	1	3	15	9	5	2	12	8	11	13	7	14	16
3	14	2	6	15	5	13	12	7	8	16	4	11	1	10	9
11	7	15	16	4	10	8	9	12	6	1	14	5	2	3	13
10	12	8	9	11	7	16	1	5	3	13	2	14	15	4	6
5	13	1	4	14	3	6	2	10	15	11	9	7	8	16	12

Solution #99

11	1	3	8	4	16	2	15	13	7	9	14	10	6	5	12
9	7	6	5	1	8	12	10	16	15	11	4	14	2	3	13
13	14	4	10	7	3	11	6	1	5	2	12	9	15	8	16
16	2	15	12	14	5	9	13	6	10	8	3	4	7	1	11
4	6	10	11	5	15	13	3	2	12	16	7	1	8	14	9
14	13	7	15	11	4	1	9	10	6	5	8	12	3	16	2
1	12	9	2	10	14	8	16	3	13	4	11	7	5	6	15
8	5	16	3	6	12	7	2	9	1	14	15	13	4	11	10
3	15	1	7	16	10	6	11	14	2	12	13	5	9	4	8
10	4	2	9	8	1	3	5	15	16	7	6	11	12	13	14
12	8	11	6	2	13	15	14	4	9	1	5	16	10	7	3
5	16	14	13	12	9	4	7	11	8	3	10	2	1	15	6
15	10	12	16	3	7	5	1	8	11	13	2	6	14	9	4
6	9	8	14	13	11	10	12	7	4	15	1	3	16	2	5
2	3	13	1	15	6	16	4	5	14	10	9	8	11	12	7
7	11	5	4	9	2	14	8	12	3	6	16	15	13	10	1

Solution #100

14	8	7	3	4	5	12	15	9	2	13	16	6	10	11	1
13	12	6	16	8	3	11	2	4	7	10	1	5	14	9	15
1	9	4	11	13	6	7	10	12	14	15	5	8	3	2	16
2	10	15	5	1	14	16	9	3	8	6	11	7	4	13	12
3	4	11	10	5	7	9	14	13	15	8	12	16	1	6	2
9	1	13	7	2	16	6	4	10	11	14	3	15	5	12	8
5	16	2	12	11	10	15	8	6	1	4	7	14	13	3	9
6	14	8	15	3	13	1	12	2	16	5	9	4	11	7	10
7	5	10	9	14	4	2	11	8	12	16	15	3	6	1	13
16	11	12	14	10	8	13	1	7	9	3	6	2	15	4	5
8	2	3	4	9	15	5	6	14	13	1	10	11	12	16	7
15	13	1	6	7	12	3	16	11	5	2	4	9	8	10	14
4	6	16	8	12	11	14	7	5	10	9	13	1	2	15	3
10	3	5	1	16	2	4	13	15	6	7	14	12	9	8	11
11	7	14	13	15	9	8	3	1	4	12	2	10	16	5	6
12	15	9	2	6	1	10	5	16	3	11	8	13	7	14	4

Solution #101

12	5	14	4	6	16	11	8	7	9	15	3	13	2	10	1
11	13	6	9	2	3	7	4	5	12	10	1	16	14	15	8
10	1	2	7	5	15	9	13	14	8	16	11	6	4	12	3
8	3	15	16	12	10	14	1	4	2	6	13	5	11	7	9
2	10	9	1	7	5	6	16	3	15	12	4	11	8	13	14
5	14	7	12	9	11	2	10	1	6	13	8	3	15	4	16
16	6	3	13	8	14	4	15	9	10	11	5	12	7	1	2
4	15	8	11	13	1	12	3	16	14	2	7	10	6	9	5
15	16	11	6	3	13	8	5	2	1	4	9	7	10	14	12
1	9	4	8	16	2	10	11	12	13	7	14	15	5	3	6
13	7	12	14	4	9	15	6	10	5	3	16	8	1	2	11
3	2	5	10	14	12	1	7	6	11	8	15	4	9	16	13
7	12	13	5	15	6	16	9	8	4	1	2	14	3	11	10
9	4	16	2	11	8	13	14	15	3	5	10	1	12	6	7
14	11	1	3	10	4	5	12	13	7	9	6	2	16	8	15
6	8	10	15	1	7	3	2	11	16	14	12	9	13	5	4

Solution #102

8	12	13	9	2	15	14	6	11	1	7	10	5	16	3	4
10	11	3	14	1	8	5	12	4	9	16	2	15	6	7	13
6	7	4	1	10	11	16	13	14	5	15	3	2	9	8	12
15	5	16	2	9	3	7	4	8	13	6	12	10	1	14	11
9	15	1	11	8	16	12	7	10	14	3	6	13	4	5	2
16	13	14	4	15	2	6	3	9	11	5	8	1	10	12	7
12	6	7	3	4	10	11	5	2	15	13	1	14	8	16	9
2	10	8	5	14	1	13	9	7	16	12	4	6	3	11	15
3	16	9	13	12	14	4	11	5	6	1	15	8	7	2	10
7	14	12	6	3	9	8	2	13	4	10	11	16	5	15	1
11	2	5	10	7	13	15	1	3	8	14	16	9	12	4	6
4	1	15	8	6	5	10	16	12	7	2	9	3	11	13	14
5	3	10	16	11	6	2	15	1	12	4	13	7	14	9	8
14	8	2	12	16	4	1	10	15	3	9	7	11	13	6	5
13	4	6	15	5	7	9	8	16	10	11	14	12	2	1	3
1	9	11	7	13	12	3	14	6	2	8	5	4	15	10	16

Solution #103

12	16	6	1	13	4	3	10	8	11	15	9	14	2	5	7
9	3	7	4	1	12	6	14	2	13	5	16	11	10	8	15
8	13	14	15	7	5	11	2	6	12	10	4	16	9	3	1
10	2	11	5	16	15	8	9	7	14	3	1	4	6	12	13
7	11	15	10	12	14	16	8	1	9	13	5	2	4	6	3
13	14	4	16	15	9	2	11	10	8	6	3	12	1	7	5
2	8	12	9	5	6	1	3	4	15	14	7	10	16	13	11
3	5	1	6	10	13	4	7	11	16	12	2	8	15	9	14
1	9	3	13	8	7	15	12	5	10	2	11	6	14	16	4
11	6	16	7	14	3	13	1	9	4	8	12	15	5	2	10
4	15	5	12	11	2	10	6	16	3	7	14	9	13	1	8
14	10	8	2	9	16	5	4	15	6	1	13	7	3	11	12
16	4	10	3	2	11	7	13	12	5	9	15	1	8	14	6
6	7	13	8	3	1	9	15	14	2	11	10	5	12	4	16
15	1	9	14	4	8	12	5	13	7	16	6	3	11	10	2
5	12	2	11	6	10	14	16	3	1	4	8	13	7	15	9

Solution #104

7	16	13	10	3	15	5	2	12	9	14	1	6	4	8	11
9	3	8	5	13	11	12	16	7	4	10	6	2	15	14	1
1	6	4	15	14	9	10	8	11	13	3	2	7	12	5	16
11	2	12	14	4	1	6	7	5	16	15	8	10	9	13	3
14	9	16	13	12	3	7	1	8	15	6	4	11	10	2	5
3	4	11	12	15	10	16	6	2	5	7	14	13	1	9	8
2	15	5	7	8	14	11	4	1	10	9	13	12	16	3	6
8	1	10	6	9	2	13	5	3	12	16	11	4	14	7	15
16	14	2	3	10	13	1	9	15	11	5	12	8	7	6	4
6	7	9	11	16	4	14	3	13	8	2	10	15	5	1	12
5	10	15	4	2	7	8	12	16	6	1	9	14	3	11	13
12	13	1	8	5	6	15	11	14	3	4	7	16	2	10	9
10	8	6	2	7	12	3	15	9	1	13	16	5	11	4	14
15	11	7	1	6	5	4	13	10	14	12	3	9	8	16	2
13	12	14	16	1	8	9	10	4	2	11	5	3	6	15	7
4	5	3	9	11	16	2	14	6	7	8	15	1	13	12	10

Solution #105

6	12	11	7	15	8	14	2	9	1	4	13	5	16	3	10
15	9	2	5	6	1	13	12	11	16	3	10	7	14	4	8
4	1	3	8	7	9	16	10	2	6	5	14	11	12	13	15
10	14	13	16	11	4	3	5	8	12	15	7	6	2	9	1
2	16	9	3	1	15	12	11	7	13	6	8	4	5	10	14
13	4	8	15	2	3	9	16	10	5	14	1	12	6	11	7
12	10	7	11	8	6	5	14	3	2	16	4	15	13	1	9
5	6	14	1	13	7	10	4	12	9	11	15	2	8	16	3
9	11	4	6	16	10	1	3	15	14	12	2	13	7	8	5
16	15	12	2	4	11	7	8	5	3	13	9	1	10	14	6
8	3	1	14	9	5	15	13	4	10	7	6	16	11	2	12
7	5	10	13	12	14	2	6	1	11	8	16	9	3	15	4
11	13	16	10	5	12	8	9	6	4	1	3	14	15	7	2
1	8	5	9	10	13	11	7	14	15	2	12	3	4	6	16
14	7	6	12	3	2	4	15	16	8	9	11	10	1	5	13
3	2	15	4	14	16	6	1	13	7	10	5	8	9	12	11

Solution #106

13	4	11	1	9	10	14	7	3	5	2	16	8	6	15	12
5	16	9	10	15	6	3	4	11	14	8	12	7	13	2	1
2	15	7	6	5	13	12	8	1	9	10	4	16	3	11	14
8	12	14	3	1	16	11	2	13	6	15	7	10	4	9	5
14	8	6	2	7	4	5	12	9	16	11	10	15	1	3	13
3	13	4	12	11	8	16	1	15	7	14	6	9	2	5	10
15	9	16	11	6	14	13	10	2	1	3	5	4	7	12	8
1	10	5	7	2	15	9	3	4	13	12	8	6	16	14	11
10	7	15	13	14	11	2	6	12	4	5	9	3	8	1	16
9	2	1	14	4	7	15	16	8	11	13	3	5	12	10	6
11	5	12	4	10	3	8	9	6	2	16	1	13	14	7	15
16	6	3	8	13	12	1	5	14	10	7	15	2	11	4	9
6	11	8	16	3	2	7	15	5	12	9	14	1	10	13	4
7	14	10	5	12	1	6	13	16	15	4	2	11	9	8	3
12	1	2	9	8	5	4	11	10	3	6	13	14	15	16	7
4	3	13	15	16	9	10	14	7	8	1	11	12	5	6	2

Solution #107

4	16	9	13	3	2	5	12	6	11	15	1	7	14	8	10
11	14	6	3	1	16	7	13	12	8	10	2	4	5	15	9
8	15	1	5	14	11	9	10	7	3	13	4	6	12	2	16
10	12	2	7	15	4	6	8	14	9	16	5	1	13	3	11
2	13	7	1	6	14	3	9	11	16	12	10	15	4	5	8
16	4	3	15	8	5	12	2	13	7	14	6	10	9	11	1
6	5	14	11	10	1	16	4	9	2	8	15	3	7	13	12
12	8	10	9	7	15	13	11	4	1	5	3	16	6	14	2
5	6	4	14	16	9	2	7	8	15	1	12	13	11	10	3
9	2	16	10	11	6	15	14	5	13	3	7	8	1	12	4
15	1	11	8	12	13	4	3	2	10	6	14	5	16	9	7
3	7	13	12	5	10	8	1	16	4	9	11	14	2	6	15
13	9	8	6	2	12	10	15	1	5	7	16	11	3	4	14
7	3	5	2	13	8	11	16	10	14	4	9	12	15	1	6
14	10	15	4	9	7	1	6	3	12	11	13	2	8	16	5
[illegible]	11	12	16	4	3	14	5	15	6	2	8	9	10	7	13

Solution #108

6	7	4	14	12	8	16	2	9	11	3	5	15	13	10	1
15	8	2	16	3	14	1	13	6	4	12	10	9	5	11	7
9	3	5	10	7	11	4	6	16	15	1	13	12	2	8	14
13	11	12	1	15	9	5	10	14	7	2	8	3	4	6	16
12	6	1	11	14	2	8	9	3	10	13	16	7	15	5	4
10	4	14	2	5	12	3	15	1	9	7	11	6	8	16	13
8	15	3	5	6	7	13	16	4	2	14	12	1	11	9	10
7	13	16	9	10	1	11	4	15	5	8	6	2	3	14	12
3	1	11	15	2	10	6	7	13	12	9	14	8	16	4	5
14	5	13	8	1	4	9	12	10	6	16	3	11	7	2	15
16	2	6	7	13	5	14	3	11	8	4	15	10	12	1	9
4	9	10	12	11	16	15	8	7	1	5	2	14	6	13	3
5	14	15	13	4	6	2	1	8	3	10	7	16	9	12	11
1	10	9	6	16	3	12	11	2	13	15	4	5	14	7	8
11	16	7	3	8	13	10	5	12	14	6	9	4	1	15	2
2	12	8	4	9	15	7	14	5	16	11	1	13	10	3	6

Solution #109

3	10	13	1	9	2	8	5	12	4	15	14	11	7	6	16
14	7	12	9	10	15	6	4	8	5	16	11	2	1	3	13
11	2	5	15	13	7	14	16	10	1	6	3	4	9	12	8
4	16	8	6	12	1	11	3	2	13	7	9	10	14	5	15
2	8	1	4	16	13	15	14	6	11	9	12	7	5	10	3
10	15	9	14	7	4	1	8	3	2	5	16	6	11	13	12
16	13	3	7	5	6	12	11	14	15	4	10	1	2	8	9
6	12	11	5	3	10	9	2	7	8	1	13	15	4	16	14
13	11	16	10	1	9	3	7	4	12	2	8	5	15	14	6
7	14	6	3	11	5	13	12	1	16	10	15	9	8	4	2
9	1	4	2	14	8	10	15	5	3	13	6	12	16	11	7
8	5	15	12	4	16	2	6	11	9	14	7	13	3	1	10
1	4	10	11	6	3	16	13	9	7	8	2	14	12	15	5
12	6	14	16	2	11	7	1	15	10	3	5	8	13	9	4
15	9	2	13	8	12	5	10	16	14	11	4	3	6	7	1
5	3	7	8	15	14	4	9	13	6	12	1	16	10	2	11

Solution #110

11	6	16	12	8	9	2	3	10	4	7	13	15	14	5	1
7	2	9	1	13	10	16	14	11	15	3	5	4	6	12	8
8	15	13	5	6	7	1	4	12	2	9	14	16	3	10	11
10	3	4	14	15	5	11	12	16	6	8	1	2	7	9	13
1	12	7	13	2	15	5	11	3	16	10	4	6	8	14	9
4	14	3	2	7	6	8	16	5	11	12	9	13	15	1	10
15	16	6	10	9	3	13	1	7	8	14	2	11	12	4	5
9	8	5	11	4	12	14	10	1	13	6	15	3	16	2	7
13	4	14	15	1	16	7	9	6	5	11	12	8	10	3	2
5	7	11	9	14	4	6	13	8	10	2	3	12	1	16	15
12	1	2	3	11	8	10	15	14	9	4	16	7	5	13	6
6	10	8	16	3	2	12	5	13	1	15	7	9	4	11	14
14	11	12	6	16	1	15	2	4	7	13	10	5	9	8	3
2	5	10	4	12	13	9	8	15	3	1	6	14	11	7	16
3	13	1	7	5	11	4	6	9	14	16	8	10	2	15	12
16	9	15	8	10	14	3	7	2	12	5	11	1	13	6	4

Solution #111

6	13	11	7	12	14	8	9	15	4	5	3	1	10	16	2
8	1	9	10	3	13	4	7	16	11	14	2	5	6	12	15
12	15	5	4	10	2	11	16	9	7	1	6	14	8	13	3
3	16	14	2	5	15	6	1	13	8	12	10	11	7	4	9
16	6	3	14	15	9	2	11	4	5	7	12	13	1	10	8
11	5	12	8	14	3	1	13	10	6	9	15	2	16	7	4
4	2	1	15	16	10	7	6	8	14	13	11	9	5	3	12
13	10	7	9	4	8	5	12	3	2	16	1	6	11	15	14
9	8	15	5	7	6	13	10	11	3	2	16	12	4	14	1
2	14	4	6	8	1	3	5	7	12	15	13	16	9	11	10
10	3	16	11	2	4	12	15	1	9	6	14	7	13	8	5
7	12	13	1	9	11	16	14	5	10	4	8	3	15	2	6
1	4	2	16	13	12	10	3	6	15	11	5	8	14	9	7
14	9	8	13	1	5	15	2	12	16	10	7	4	3	6	11
15	7	6	3	11	16	14	4	2	1	8	9	10	12	5	13
5	11	10	12	6	7	9	8	14	13	3	4	15	2	1	16

Solution #112

12	11	2	14	9	7	13	10	6	3	8	4	16	5	15	1
6	7	3	1	14	12	4	8	10	16	5	15	11	9	2	13
9	8	15	5	16	11	3	2	1	14	12	13	4	7	10	6
13	4	16	10	15	1	6	5	11	2	9	7	8	14	12	3
3	6	7	12	10	16	11	13	5	8	2	14	9	15	1	4
1	9	14	4	6	5	12	15	13	7	10	3	2	11	16	8
15	2	5	16	8	9	7	14	4	11	6	1	13	10	3	12
10	13	11	8	2	4	1	3	12	15	16	9	7	6	14	5
14	1	13	11	4	10	15	7	2	6	3	8	5	12	9	16
7	15	10	2	13	3	5	9	16	4	14	12	6	1	8	11
5	12	6	3	11	14	8	16	7	9	1	10	15	13	4	2
4	16	8	9	12	6	2	1	15	5	13	11	14	3	7	10
2	14	9	7	1	13	10	4	8	12	11	5	3	16	6	15
16	10	4	15	5	2	9	11	3	1	7	6	12	8	13	14
11	3	12	13	7	8	16	6	14	10	15	2	1	4	5	9
8	5	1	6	3	15	14	12	9	13	4	16	10	2	11	7

Solution #113

13	3	9	14	4	6	8	11	10	5	7	15	12	1	2	16
15	6	16	10	13	14	1	9	8	11	2	12	7	3	4	5
2	7	1	4	15	3	12	5	16	6	9	13	14	8	10	11
5	12	11	8	2	10	7	16	4	3	14	1	6	15	9	13
11	1	5	15	16	13	6	4	3	7	10	8	2	12	14	9
6	13	3	12	5	11	15	10	2	14	1	9	16	4	7	8
4	9	2	16	1	8	14	7	13	12	6	11	10	5	3	15
8	14	10	7	9	12	2	3	15	4	16	5	1	13	11	6
9	2	7	5	11	15	4	12	14	16	13	10	8	6	1	3
1	10	4	3	6	2	13	14	11	15	8	7	5	9	16	12
12	15	6	11	10	7	16	8	9	1	5	3	4	2	13	14
16	8	14	13	3	5	9	1	12	2	4	6	11	10	15	7
10	4	13	9	12	1	5	15	7	8	11	16	3	14	6	2
14	11	15	2	8	16	10	6	5	9	3	4	13	7	12	1
7	16	8	6	14	9	3	13	1	10	12	2	15	11	5	4
3	5	12	1	7	4	11	2	6	13	15	14	9	16	8	10

Solution #114

14	5	15	12	10	11	3	16	8	2	4	6	7	1	13	9
6	9	8	7	4	13	12	2	5	16	14	1	15	10	11	3
16	13	3	4	8	7	5	1	9	11	15	10	14	2	6	12
10	2	1	11	6	15	9	14	13	7	3	12	5	8	16	4
4	7	11	9	2	3	13	15	6	8	1	5	16	14	12	10
5	15	6	16	11	4	1	8	3	12	10	14	9	13	2	7
13	10	12	2	7	5	14	9	16	15	11	4	1	6	3	8
1	3	14	8	16	6	10	12	2	9	13	7	11	5	4	15
12	1	9	14	13	16	8	5	7	4	6	11	3	15	10	2
11	4	2	6	15	14	7	10	1	3	9	13	8	12	5	16
3	8	5	10	12	9	11	4	15	14	16	2	6	7	1	13
15	16	7	13	1	2	6	3	10	5	12	8	4	9	14	11
9	11	10	15	5	12	16	7	14	1	2	3	13	4	8	6
7	6	13	3	14	1	4	11	12	10	8	9	2	16	15	5
2	12	4	1	9	8	15	6	11	13	5	16	10	3	7	14
8	14	16	5	3	10	2	13	4	6	7	15	12	11	9	1

Solution #115

7	15	14	13	2	10	16	1	5	6	12	4	9	11	3	8
12	16	2	6	13	8	7	11	1	15	3	9	14	10	5	4
9	1	5	3	15	12	4	6	10	11	8	14	13	2	7	16
10	4	11	8	9	14	3	5	16	2	13	7	15	12	1	6
5	8	13	10	7	11	14	9	3	1	2	6	4	15	16	12
15	14	12	9	16	3	8	10	13	5	4	11	1	6	2	7
16	7	4	2	5	1	6	13	8	9	15	12	3	14	10	11
11	6	3	1	4	15	12	2	7	10	14	16	8	9	13	5
2	3	15	11	1	16	5	12	6	13	9	10	7	4	8	14
14	12	10	5	8	2	15	4	11	3	7	1	16	13	6	9
8	9	7	16	14	6	13	3	2	4	5	15	11	1	12	10
6	13	1	4	10	9	11	7	14	12	16	8	5	3	15	2
13	11	16	12	3	5	1	8	9	14	6	2	10	7	4	15
3	5	8	15	6	4	9	14	12	7	10	13	2	16	11	1
4	2	6	14	11	7	10	16	15	8	1	3	12	5	9	13
1	10	9	7	12	13	2	15	4	16	11	5	6	8	14	3

Solution #116

6	12	13	7	1	10	3	8	4	5	11	16	15	14	9	2
1	11	14	4	7	5	16	12	15	6	2	9	13	3	10	8
15	2	10	16	13	6	11	9	8	7	14	3	4	12	1	5
9	8	5	3	2	14	15	4	1	10	12	13	16	11	6	7
4	16	9	12	6	13	1	10	11	8	3	7	14	2	5	15
8	15	2	10	4	7	9	14	16	12	5	6	3	1	13	11
3	7	6	1	11	2	8	5	9	13	15	14	12	16	4	10
5	13	11	14	15	16	12	3	2	4	1	10	6	7	8	9
7	4	8	9	12	11	10	6	3	1	13	15	2	5	16	14
13	6	16	11	14	9	7	1	5	2	8	12	10	4	15	3
12	14	1	5	16	3	2	15	10	9	7	4	8	6	11	13
2	10	3	15	8	4	5	13	14	16	6	11	7	9	12	1
16	9	4	13	5	8	6	2	7	14	10	1	11	15	3	12
11	1	7	6	3	12	14	16	13	15	9	8	5	10	2	4
10	3	12	2	9	15	13	7	6	11	4	5	1	8	14	16
14	5	15	8	10	1	4	11	12	3	16	2	9	13	7	6

Solution #117

7	2	15	8	14	1	3	4	9	16	11	6	10	13	12	5
9	12	6	5	13	16	2	15	7	4	1	10	8	14	11	3
1	10	3	13	5	8	11	6	2	15	12	14	4	7	9	16
14	4	11	16	7	9	12	10	13	5	8	3	2	1	6	15
15	1	4	12	9	2	6	8	5	7	16	11	3	10	14	13
11	13	10	6	1	14	4	7	15	3	2	8	12	5	16	9
3	16	5	7	11	15	10	12	14	9	13	1	6	8	4	2
2	9	8	14	3	13	5	16	6	12	10	4	7	15	1	11
6	8	2	15	16	11	9	1	12	10	14	7	5	3	13	4
5	14	1	11	2	7	8	13	4	6	3	9	15	16	10	12
10	7	16	4	6	12	15	3	11	13	5	2	14	9	8	1
12	3	13	9	4	10	14	5	1	8	15	16	11	6	2	7
16	5	14	1	15	6	13	11	10	2	7	12	9	4	3	8
13	15	12	10	8	4	16	2	3	14	9	5	1	11	7	6
4	11	9	3	12	5	7	14	8	1	6	13	16	2	15	10
8	6	7	2	10	3	1	9	16	11	4	15	13	12	5	14

Solution #118

3	11	10	9	12	5	4	2	14	8	13	6	16	7	1	15
15	14	8	13	3	1	6	9	2	16	7	11	10	12	5	4
2	16	12	6	14	11	7	15	4	5	1	10	13	9	8	3
4	1	5	7	8	10	13	16	3	12	15	9	14	11	2	6
9	10	15	2	5	7	14	6	8	11	4	16	3	1	13	12
11	7	1	4	9	2	3	10	13	14	12	15	8	6	16	5
16	13	3	8	11	15	12	4	9	6	5	1	2	10	14	7
6	12	14	5	1	8	16	13	7	2	10	3	4	15	11	9
8	2	13	15	10	14	9	12	1	4	11	5	7	3	6	16
12	9	4	16	2	3	8	7	15	13	6	14	11	5	10	1
1	3	11	10	4	6	15	5	16	7	8	2	9	13	12	14
5	6	7	14	16	13	11	1	10	9	3	12	15	2	4	8
10	4	6	3	13	16	2	8	5	1	9	7	12	14	15	11
14	15	2	12	7	4	5	11	6	3	16	13	1	8	9	10
13	8	9	1	6	12	10	3	11	15	14	4	5	16	7	2
7	5	16	11	15	9	1	14	12	10	2	8	6	4	3	13

Solution #119

2	1	9	15	13	16	5	4	12	10	3	14	6	11	8	7
10	6	3	7	9	11	12	8	15	2	1	4	16	13	14	5
14	5	12	13	7	3	1	10	11	8	6	16	15	2	9	4
16	8	11	4	15	6	2	14	7	5	13	9	12	3	1	10
9	16	4	12	5	10	7	6	2	1	11	8	3	14	15	13
11	15	2	10	16	12	4	13	9	6	14	3	1	5	7	8
6	3	8	14	1	2	15	11	10	13	7	5	4	12	16	9
1	13	7	5	14	8	3	9	16	4	15	12	10	6	2	11
4	14	6	3	12	9	11	1	8	16	2	7	13	10	5	15
12	9	1	2	6	13	10	3	5	14	4	15	8	7	11	16
5	11	13	8	2	7	16	15	6	9	10	1	14	4	12	3
7	10	15	16	4	14	8	5	13	3	12	11	9	1	6	2
15	2	16	1	10	5	13	7	3	12	9	6	11	8	4	14
13	7	10	11	8	4	14	12	1	15	16	2	5	9	3	6
8	12	14	6	3	15	9	2	4	11	5	13	7	16	10	1
3	4	5	9	11	1	6	16	14	7	8	10	2	15	13	12

Solution #120

12	5	15	14	8	11	3	6	10	9	2	16	1	13	4	7
6	16	8	4	15	2	1	12	13	5	11	7	14	9	3	10
2	13	9	1	4	5	10	7	15	6	3	14	11	12	16	8
3	11	10	7	14	13	9	16	8	1	12	4	5	2	15	6
16	15	6	2	10	12	7	11	5	8	9	3	4	14	13	1
4	3	7	9	2	14	8	13	12	10	1	15	16	6	11	5
10	12	1	8	16	9	4	5	14	13	6	11	15	3	7	2
5	14	11	13	3	1	6	15	16	7	4	2	10	8	9	12
8	4	13	5	12	10	11	2	6	3	15	1	9	7	14	16
15	9	16	12	5	6	14	1	7	2	8	13	3	4	10	11
11	6	2	3	13	7	16	4	9	14	10	5	12	1	8	15
7	1	14	10	9	8	15	3	11	4	16	12	6	5	2	13
9	10	5	11	7	15	13	8	3	12	14	6	2	16	1	4
14	2	4	15	6	3	12	10	1	16	13	8	7	11	5	9
1	8	12	16	11	4	5	14	2	15	7	9	13	10	6	3
13	7	3	6	1	16	2	9	4	11	5	10	8	15	12	14

Solution #121

7	13	1	14	9	4	6	11	3	15	12	16	5	2	10	8
5	11	8	15	1	10	13	12	2	14	7	9	3	16	4	6
9	6	3	16	14	2	8	15	5	10	1	4	11	12	7	13
10	2	12	4	16	5	3	7	11	13	6	8	1	14	9	15
15	16	4	5	6	13	2	10	1	7	8	12	9	11	3	14
6	14	2	8	12	7	9	16	15	4	3	11	13	5	1	10
11	12	7	3	15	1	14	8	13	9	5	10	16	4	6	2
1	10	13	9	4	11	5	3	6	16	14	2	8	7	15	12
16	8	5	2	3	12	1	6	9	11	10	7	14	15	13	4
13	15	9	12	5	16	7	14	8	3	4	1	6	10	2	11
4	1	6	7	11	9	10	2	14	5	15	13	12	8	16	3
14	3	10	11	13	8	15	4	12	2	16	6	7	1	5	9
2	9	15	6	7	14	12	1	10	8	13	5	4	3	11	16
12	7	11	1	8	3	4	13	16	6	2	15	10	9	14	5
3	4	16	10	2	6	11	5	7	12	9	14	15	13	8	1
8	5	14	13	10	15	16	9	4	1	11	3	2	6	12	7

Solution #122

1	8	14	16	13	4	12	3	15	9	7	5	2	11	10	6
15	13	7	5	10	1	14	11	12	6	16	2	4	9	3	8
6	9	10	3	5	2	16	8	11	4	13	1	15	12	7	14
12	2	4	11	6	15	9	7	3	14	8	10	13	1	16	5
5	6	9	14	12	7	11	15	1	3	10	13	8	2	4	16
7	15	16	13	4	14	3	1	6	11	2	8	5	10	12	9
10	11	3	12	2	9	8	6	7	5	4	16	14	15	1	13
4	1	8	2	16	13	10	5	14	12	9	15	7	6	11	3
2	14	5	6	3	11	4	12	9	1	15	7	16	13	8	10
9	3	13	4	1	16	6	14	10	8	5	11	12	7	2	15
11	10	12	15	7	8	2	13	4	16	6	14	9	3	5	1
8	16	1	7	9	5	15	10	13	2	12	3	11	14	6	4
16	7	2	8	11	3	13	9	5	10	14	6	1	4	15	12
14	12	11	9	15	6	1	16	8	7	3	4	10	5	13	2
3	4	15	1	14	10	5	2	16	13	11	12	6	8	9	7
13	5	6	10	8	12	7	4	2	15	1	9	3	16	14	11

Solution #123

4	16	15	11	9	13	12	5	7	1	8	6	3	14	10	2
13	12	3	14	2	8	15	4	16	9	10	11	7	1	6	5
9	1	2	8	11	10	7	6	5	14	4	3	16	13	15	12
7	10	5	6	16	14	3	1	15	13	12	2	11	4	9	8
14	11	12	13	3	5	4	16	8	15	6	7	9	10	2	1
16	8	6	5	10	12	2	14	1	3	11	9	4	15	7	13
10	7	9	15	6	11	1	8	12	2	13	4	14	3	5	16
3	2	1	4	13	15	9	7	14	16	5	10	6	8	12	11
8	5	10	9	12	4	11	15	3	7	14	1	2	16	13	6
2	15	16	12	8	6	5	3	4	10	9	13	1	7	11	14
1	14	13	3	7	16	10	2	6	11	15	5	8	12	4	9
11	6	4	7	1	9	14	13	2	8	16	12	10	5	3	15
12	3	8	10	15	1	6	9	13	4	2	14	5	11	16	7
5	13	14	2	4	7	8	12	11	6	3	16	15	9	1	10
15	4	11	1	5	2	16	10	9	12	7	8	13	6	14	3
6	9	7	16	14	3	13	11	10	5	1	15	12	2	8	4

Solution #124

2	3	13	1	11	6	15	8	5	4	14	16	9	7	10	12
8	15	14	6	4	13	5	12	11	9	10	7	2	3	1	16
4	16	12	5	14	7	9	10	13	3	2	1	6	8	15	11
7	9	11	10	1	16	2	3	15	8	6	12	5	14	13	4
15	14	8	12	16	9	10	11	4	5	1	13	7	6	3	2
6	4	10	3	8	14	12	15	16	2	7	11	1	13	9	5
9	7	2	13	6	3	1	5	10	12	8	15	4	11	16	14
11	1	5	16	13	2	7	4	6	14	3	9	8	10	12	15
3	2	16	15	7	4	6	1	8	11	9	10	14	12	5	13
13	8	1	4	15	10	16	9	12	6	5	14	11	2	7	3
5	11	9	7	3	12	8	14	2	16	13	4	15	1	6	10
12	10	6	14	2	5	11	13	1	7	15	3	16	9	4	8
1	5	3	11	12	15	14	2	9	10	4	6	13	16	8	7
16	12	7	8	5	1	4	6	3	13	11	2	10	15	14	9
14	6	4	9	10	11	13	16	7	15	12	8	3	5	2	1
10	13	15	2	9	8	3	7	14	1	16	5	12	4	11	6

Solution #125

14	6	10	12	9	16	4	1	2	3	13	11	5	7	8	15
15	5	11	16	8	10	14	3	12	6	9	7	13	1	2	4
2	4	1	13	5	15	7	12	14	10	16	8	6	3	9	11
8	9	7	3	13	11	2	6	1	5	15	4	10	12	14	16
12	3	6	14	16	8	5	13	15	4	7	1	11	9	10	2
13	16	4	2	6	12	15	7	8	11	10	9	14	5	1	3
1	11	9	7	3	2	10	14	6	12	5	13	16	4	15	8
10	15	5	8	1	4	9	11	16	2	14	3	7	6	13	12
16	7	2	11	12	6	8	10	3	1	4	15	9	13	5	14
9	14	15	10	11	7	3	4	13	16	12	5	2	8	6	1
3	12	13	5	2	14	1	9	7	8	11	6	15	16	4	10
4	1	8	6	15	13	16	5	9	14	2	10	12	11	3	7
7	8	12	1	4	9	13	2	11	15	6	14	3	10	16	5
11	2	3	9	14	5	6	8	10	7	1	16	4	15	12	13
6	10	16	4	7	3	12	15	5	13	8	2	1	14	11	9
5	13	14	15	10	1	11	16	4	9	3	12	8	2	7	6

Solution #126

14	11	13	5	7	4	9	16	15	12	6	2	8	3	10	1
8	12	3	6	1	2	15	13	5	10	9	14	7	4	16	11
16	9	2	15	3	11	8	10	4	7	13	1	6	14	12	5
4	7	1	10	6	14	5	12	16	11	3	8	13	2	9	15
11	1	8	7	13	9	14	3	10	15	5	16	4	6	2	12
6	2	14	12	15	5	11	4	3	1	7	9	10	16	13	8
15	10	9	13	8	7	16	2	6	14	4	12	5	11	1	3
5	16	4	3	12	6	10	1	11	2	8	13	15	7	14	9
9	13	10	16	5	12	7	14	2	6	15	3	11	1	8	4
3	8	11	14	4	16	2	9	1	13	10	5	12	15	6	7
2	5	7	1	11	13	6	15	12	8	16	4	14	9	3	10
12	15	6	4	10	3	1	8	7	9	14	11	2	13	5	16
1	6	15	9	2	8	3	11	14	4	12	10	16	5	7	13
13	3	16	11	14	1	12	7	8	5	2	15	9	10	4	6
10	14	5	8	9	15	4	6	13	16	1	7	3	12	11	2
7	4	12	2	16	10	13	5	9	3	11	6	1	8	15	14

Solution #127

4	8	2	7	11	16	13	14	12	5	10	6	3	15	9	1
13	14	11	10	12	8	4	3	16	1	15	9	5	6	2	7
5	1	3	15	7	10	9	6	2	11	14	8	12	13	16	4
16	9	12	6	5	15	2	1	4	3	13	7	10	8	11	14
1	4	7	8	13	12	14	10	5	16	9	3	15	11	6	2
12	15	16	3	9	4	7	5	13	2	6	11	1	10	14	8
11	13	6	14	15	1	16	2	8	7	4	10	9	12	3	5
2	5	10	9	8	3	6	11	1	15	12	14	16	7	4	13
8	3	13	12	6	14	10	16	11	4	1	15	2	5	7	9
7	16	14	5	1	9	15	12	6	13	8	2	11	4	10	3
15	2	4	1	3	13	11	8	10	9	7	5	14	16	12	6
10	6	9	11	4	2	5	7	14	12	3	16	13	1	8	15
3	12	15	13	16	5	8	9	7	10	2	4	6	14	1	11
9	7	1	16	2	6	12	4	15	14	11	13	8	3	5	10
6	10	5	4	14	11	3	15	9	8	16	1	7	2	13	12
14	11	8	2	10	7	1	13	3	6	5	12	4	9	15	16

Solution #128

5	11	9	15	6	8	2	4	10	13	7	14	3	1	12	16
16	2	8	7	10	11	9	1	15	4	3	12	13	6	5	14
4	10	14	6	13	5	12	3	11	9	16	1	15	2	7	8
1	12	3	13	16	14	7	15	8	2	6	5	11	9	4	10
13	7	6	8	4	3	16	2	5	15	14	11	10	12	1	9
10	5	2	4	12	7	8	14	6	3	1	9	16	13	15	11
14	3	12	9	1	10	15	11	4	16	13	7	8	5	2	6
15	1	16	11	9	6	5	13	2	10	12	8	7	3	14	4
8	9	5	1	3	4	6	10	14	7	15	2	12	11	16	13
6	14	10	16	8	9	13	12	1	11	5	4	2	7	3	15
7	15	11	12	2	16	14	5	13	6	8	3	9	4	10	1
2	13	4	3	11	15	1	7	9	12	10	16	14	8	6	5
3	4	1	5	7	12	11	8	16	14	9	15	6	10	13	2
12	8	13	2	14	1	10	16	7	5	11	6	4	15	9	3
11	6	7	14	15	13	4	9	3	1	2	10	5	16	8	12
9	16	15	10	5	2	3	6	12	8	4	13	1	14	11	7

Solution #129

9	15	6	4	2	11	16	5	14	13	1	7	3	12	10	8
8	5	16	11	7	3	9	12	10	15	2	4	13	6	1	14
3	12	7	13	6	10	1	14	5	11	8	9	4	16	2	15
1	14	10	2	15	13	8	4	3	6	12	16	5	7	9	11
11	3	4	8	10	6	12	15	13	16	7	14	2	1	5	9
2	13	14	12	9	5	7	1	11	10	6	3	15	4	8	16
15	6	1	5	3	8	13	16	4	12	9	2	7	11	14	10
16	7	9	10	11	14	4	2	1	5	15	8	12	3	6	13
12	11	8	7	13	9	10	6	2	4	3	15	1	14	16	5
10	2	3	14	1	12	11	7	6	9	16	5	8	15	13	4
4	9	13	15	5	16	14	3	12	8	11	1	10	2	7	6
6	16	5	1	4	2	15	8	7	14	10	13	11	9	3	12
5	8	12	9	16	7	2	11	15	1	14	10	6	13	4	3
14	4	15	16	12	1	3	13	8	7	5	6	9	10	11	2
13	1	2	6	14	15	5	10	9	3	4	11	16	8	12	7
7	10	11	3	8	4	6	9	16	2	13	12	14	5	15	1

Solution #130

9	12	2	11	7	6	16	5	4	13	3	15	1	8	14	10
8	1	6	5	12	2	10	3	9	11	14	7	13	4	16	15
14	15	16	13	11	4	8	1	5	6	12	10	2	7	9	3
10	3	7	4	15	13	9	14	8	16	2	1	6	5	12	11
11	8	15	7	10	9	4	13	12	5	1	14	16	6	3	2
6	10	9	14	2	3	5	12	16	8	13	4	7	11	15	1
2	4	3	1	14	16	6	7	10	9	15	11	5	13	8	12
16	13	5	12	1	8	15	11	6	2	7	3	4	14	10	9
4	2	11	9	16	5	3	6	1	7	8	12	15	10	13	14
3	7	8	6	4	14	13	10	2	15	5	9	12	1	11	16
1	14	10	15	9	7	12	2	11	4	16	13	8	3	6	5
12	5	13	16	8	11	1	15	14	3	10	6	9	2	7	4
13	6	4	3	5	10	7	16	15	12	11	2	14	9	1	8
5	11	14	10	6	12	2	8	7	1	9	16	3	15	4	13
7	16	1	2	13	15	11	9	3	14	4	8	10	12	5	6
15	9	12	8	3	1	14	4	13	10	6	5	11	16	2	7

Solution #131

12	14	13	3	11	4	2	6	16	8	1	5	15	10	9	7
9	7	15	2	12	16	5	13	4	6	10	14	1	3	11	8
16	10	11	5	9	3	1	8	2	7	15	13	12	4	6	14
6	4	1	8	7	10	14	15	11	9	12	3	2	13	16	5
5	15	7	12	10	9	16	3	1	11	14	4	13	6	8	2
10	9	2	13	4	12	6	5	7	3	16	8	14	11	15	1
1	6	16	11	2	8	15	14	13	12	9	10	7	5	3	4
4	8	3	14	1	7	13	11	6	5	2	15	16	9	12	10
8	11	9	6	3	15	12	10	5	2	13	1	4	7	14	16
3	16	14	7	13	6	8	1	10	4	11	12	5	15	2	9
13	12	10	15	5	14	4	2	3	16	7	9	11	8	1	6
2	1	5	4	16	11	9	7	15	14	8	6	10	12	13	3
7	5	6	9	15	13	11	4	14	1	3	16	8	2	10	12
14	13	8	16	6	2	7	12	9	10	5	11	3	1	4	15
15	2	12	10	14	1	3	9	8	13	4	7	6	16	5	11
11	3	4	1	8	5	10	16	12	15	6	2	9	14	7	13

Solution #132

5	11	16	13	12	2	6	9	4	1	10	15	7	14	8	3
7	10	9	3	11	13	1	15	2	16	14	8	4	12	6	5
14	1	4	6	10	7	3	8	5	9	11	12	16	15	2	13
15	12	8	2	4	14	5	16	13	6	7	3	1	10	9	11
4	9	7	14	5	15	13	2	11	12	3	16	6	8	10	1
11	16	5	8	9	4	7	6	15	14	1	10	13	3	12	2
1	15	3	10	16	8	14	12	9	2	13	6	5	11	4	7
6	2	13	12	3	1	10	11	8	5	4	7	15	9	16	14
9	7	10	4	13	11	12	5	14	15	16	1	2	6	3	8
3	14	2	11	7	16	9	4	12	8	6	5	10	13	1	15
13	6	15	5	8	10	2	1	7	3	9	11	12	16	14	4
12	8	1	16	14	6	15	3	10	13	2	4	11	5	7	9
8	13	14	9	15	5	16	7	1	10	12	2	3	4	11	6
2	4	6	15	1	3	8	10	16	11	5	9	14	7	13	12
16	5	11	1	6	12	4	13	3	7	8	14	9	2	15	10
10	3	12	7	2	9	11	14	6	4	15	13	8	1	5	16

Solution #133

6	16	5	15	14	1	10	11	7	9	2	4	8	3	13	12
8	9	10	11	3	15	2	13	16	12	14	5	1	6	4	7
12	7	2	14	16	6	8	4	13	10	1	3	9	15	5	11
1	4	3	13	9	5	7	12	8	15	11	6	14	10	2	16
2	3	14	8	4	9	5	7	6	16	10	12	11	13	15	1
11	5	4	9	15	8	6	10	3	1	7	13	16	12	14	2
10	12	6	1	2	13	14	16	4	8	15	11	3	9	7	5
13	15	16	7	1	12	11	3	2	5	9	14	6	4	10	8
7	14	8	16	10	3	4	9	1	13	5	15	12	2	11	6
3	10	9	6	5	16	13	14	12	11	8	2	4	7	1	15
4	1	13	5	11	2	12	15	14	6	16	7	10	8	3	9
15	2	11	12	8	7	1	6	9	3	4	10	5	14	16	13
16	11	15	2	7	4	3	8	5	14	12	9	13	1	6	10
9	13	12	4	6	10	15	5	11	7	3	1	2	16	8	14
14	8	1	10	13	11	9	2	15	4	6	16	7	5	12	3
5	6	7	3	12	14	16	1	10	2	13	8	15	11	9	4

Solution #134

11	4	6	16	1	5	9	13	3	14	10	7	15	2	8	12
5	9	14	13	12	3	16	11	6	15	2	8	1	4	10	7
7	10	2	15	6	14	4	8	16	5	12	1	3	9	11	13
8	3	12	1	7	15	10	2	11	13	9	4	5	6	16	14
2	15	7	10	11	12	6	3	4	16	14	5	13	1	9	8
14	6	4	3	5	13	8	7	2	10	1	9	16	12	15	11
1	16	13	5	4	9	2	15	12	8	6	11	7	3	14	10
12	11	8	9	16	10	14	1	15	7	3	13	4	5	2	6
10	7	11	14	8	4	1	12	9	2	5	16	6	13	3	15
16	13	15	4	3	11	7	14	1	6	8	12	2	10	5	9
6	8	1	2	10	16	5	9	13	3	7	15	11	14	12	4
9	5	3	12	15	2	13	6	14	4	11	10	8	16	7	1
3	1	10	11	2	6	15	4	8	12	16	14	9	7	13	5
4	14	5	6	13	7	11	16	10	9	15	2	12	8	1	3
15	12	16	7	9	8	3	10	5	1	13	6	14	11	4	2
13	2	9	8	14	1	12	5	7	11	4	3	10	15	6	16

Solution #135

12	6	13	10	2	3	4	1	16	7	11	5	9	14	8	15
9	15	11	16	10	14	7	5	1	4	3	8	13	12	6	2
14	3	5	7	9	16	6	8	12	13	15	2	4	1	10	11
8	2	1	4	12	15	13	11	6	9	14	10	7	16	5	3
15	14	9	12	16	11	1	2	10	5	6	7	3	13	4	8
5	4	16	1	7	12	10	15	11	8	13	3	2	6	14	9
11	8	2	13	5	4	3	6	14	16	1	9	10	15	12	7
10	7	6	3	8	9	14	13	15	12	2	4	11	5	1	16
7	13	3	11	14	10	9	12	8	2	16	1	5	4	15	6
2	1	12	5	15	13	16	3	7	10	4	6	8	9	11	14
6	10	14	8	11	5	2	4	3	15	9	12	16	7	13	1
16	9	4	15	1	6	8	7	13	14	5	11	12	3	2	10
4	16	15	14	6	7	5	10	2	3	8	13	1	11	9	12
13	12	7	9	3	8	11	14	4	1	10	15	6	2	16	5
1	5	10	6	13	2	12	16	9	11	7	14	15	8	3	4
3	11	8	2	4	1	15	9	5	6	12	16	14	10	7	13

Solution #136

12	11	6	3	9	10	7	2	8	14	5	15	13	1	16	4
8	4	13	7	16	11	3	1	10	6	12	9	15	14	5	2
14	2	10	9	12	8	5	15	13	4	16	1	11	3	7	6
16	1	5	15	14	6	4	13	3	11	7	2	8	9	12	10
11	13	12	8	10	14	2	3	1	15	4	6	5	7	9	16
5	14	7	4	1	15	13	8	16	9	3	12	6	10	2	11
6	9	2	10	11	16	12	5	14	7	8	13	4	15	3	1
1	15	3	16	6	4	9	7	2	5	11	10	12	13	8	14
10	12	8	6	3	13	14	11	15	2	1	5	7	16	4	9
7	5	1	13	15	9	10	4	11	12	14	16	2	8	6	3
4	3	11	14	7	2	16	6	9	13	10	8	1	12	15	5
9	16	15	2	5	1	8	12	4	3	6	7	10	11	14	13
13	10	9	1	4	12	6	16	7	8	2	3	14	5	11	15
15	8	16	5	2	3	11	14	12	1	13	4	9	6	10	7
3	6	4	11	8	7	1	9	5	10	15	14	16	2	13	12
2	7	14	12	13	5	15	10	6	16	9	11	3	4	1	8

Solution #137

14	4	16	2	9	11	6	13	12	1	10	5	8	7	15	3
3	13	6	8	7	15	1	2	11	16	14	9	4	10	12	5
15	5	12	9	4	10	8	16	3	13	6	7	2	11	14	1
11	7	10	1	3	12	14	5	4	15	8	2	6	13	16	9
8	2	7	10	13	9	12	11	14	3	4	16	1	15	5	6
6	15	1	14	10	16	2	3	13	5	9	12	7	8	11	4
5	11	4	12	6	7	15	14	1	10	2	8	3	9	13	16
13	16	9	3	8	5	4	1	15	11	7	6	14	12	10	2
1	12	8	11	15	3	7	4	16	9	5	14	10	6	2	13
16	10	2	5	14	8	13	9	6	7	1	11	15	3	4	12
7	9	3	6	16	1	10	12	2	4	15	13	5	14	8	11
4	14	15	13	11	2	5	6	10	8	12	3	9	16	1	7
2	8	14	7	1	6	16	10	9	12	11	4	13	5	3	15
9	3	13	15	2	14	11	8	5	6	16	1	12	4	7	10
12	1	11	4	5	13	9	15	7	14	3	10	16	2	6	8
10	6	5	16	12	4	3	7	8	2	13	15	11	1	9	14

Solution #138

13	7	10	8	1	4	14	3	5	9	11	15	12	2	16	6
5	14	11	12	13	8	15	16	1	6	2	4	9	7	3	10
15	4	1	3	11	6	2	9	10	7	16	12	5	14	8	13
9	2	16	6	10	7	5	12	8	13	14	3	11	1	15	4
16	12	5	9	2	3	11	15	6	14	4	8	10	13	7	1
14	13	6	10	16	12	7	4	2	3	1	5	15	9	11	8
3	11	8	4	6	14	1	13	9	10	15	7	2	12	5	16
2	1	7	15	9	5	8	10	13	11	12	16	6	3	4	14
6	15	9	7	4	10	3	1	16	5	13	2	8	11	14	12
10	16	2	13	14	9	12	8	4	15	3	11	7	6	1	5
1	5	3	14	15	11	6	2	12	8	7	10	4	16	13	9
4	8	12	11	5	13	16	7	14	1	9	6	3	15	10	2
7	9	4	5	8	1	13	11	3	2	6	14	16	10	12	15
8	3	14	2	12	15	4	6	11	16	10	1	13	5	9	7
11	6	13	1	7	16	10	5	15	12	8	9	14	4	2	3
12	10	15	16	3	2	9	14	7	4	5	13	1	8	6	11

Solution #139

14	5	4	12	6	3	15	9	10	7	11	16	13	1	2	8
16	6	8	3	11	12	7	2	9	15	13	1	4	10	5	14
15	7	1	11	14	4	13	10	5	12	8	2	3	16	9	6
9	2	10	13	1	5	16	8	4	3	6	14	7	15	11	12
8	11	5	1	13	10	4	12	7	9	16	3	14	6	15	2
4	3	7	14	2	15	9	6	11	13	12	5	10	8	16	1
12	10	6	9	5	7	8	16	1	2	14	15	11	4	3	13
2	13	16	15	3	11	14	1	8	4	10	6	12	5	7	9
1	9	13	10	4	6	11	3	2	5	7	12	16	14	8	15
7	12	2	8	10	1	5	15	14	16	3	13	9	11	6	4
3	4	14	6	7	16	2	13	15	8	9	11	5	12	1	10
11	16	15	5	8	9	12	14	6	1	4	10	2	3	13	7
10	15	12	7	16	14	6	5	13	11	1	9	8	2	4	3
13	8	9	16	12	2	10	11	3	6	15	4	1	7	14	5
5	14	3	4	15	13	1	7	16	10	2	8	6	9	12	11
6	1	11	2	9	8	3	4	12	14	5	7	15	13	10	16

Solution #140

7	6	12	15	10	1	16	14	2	11	3	8	13	9	5	4
13	14	1	3	11	15	6	5	7	9	4	10	8	2	12	16
8	4	11	5	3	12	2	9	1	14	16	13	6	7	15	10
16	10	2	9	4	7	8	13	12	5	15	6	14	1	3	11
4	8	6	11	15	2	12	3	5	16	7	1	10	14	13	9
9	15	10	13	5	11	7	6	4	2	8	14	12	16	1	3
14	2	7	1	13	16	10	4	9	6	12	3	11	15	8	5
5	12	3	16	8	9	14	1	13	10	11	15	4	6	7	2
1	13	4	12	7	6	9	16	3	8	5	2	15	11	10	14
2	7	9	14	12	10	4	15	11	13	1	16	3	5	6	8
11	3	16	10	14	8	5	2	15	7	6	4	1	13	9	12
6	5	15	8	1	13	3	11	10	12	14	9	16	4	2	7
3	1	5	6	9	4	11	7	14	15	10	12	2	8	16	13
12	9	13	4	16	14	1	8	6	3	2	5	7	10	11	15
10	11	8	2	6	5	15	12	16	4	13	7	9	3	14	1
15	16	14	7	2	3	13	10	8	1	9	11	5	12	4	6

Solution #141

11	3	1	4	5	14	16	10	2	15	6	8	13	12	9	7
5	14	2	12	9	13	8	11	10	16	3	7	1	6	15	4
6	7	15	16	3	2	1	4	11	9	13	12	10	8	5	14
10	9	13	8	12	15	6	7	1	5	14	4	2	11	16	3
12	1	5	15	6	7	3	2	14	4	11	13	8	16	10	9
7	10	8	11	16	5	9	14	3	1	15	2	6	13	4	12
16	13	9	2	11	1	4	15	8	12	10	6	14	7	3	5
14	4	6	3	8	12	10	13	16	7	9	5	15	2	1	11
8	2	12	7	14	3	5	6	4	11	16	15	9	1	13	10
15	6	14	5	7	10	13	12	9	2	8	1	4	3	11	16
1	11	3	13	4	9	15	16	7	6	12	10	5	14	8	2
9	16	4	10	2	8	11	1	13	3	5	14	12	15	7	6
4	8	7	6	1	16	14	9	5	13	2	11	3	10	12	15
3	12	10	1	13	11	2	5	15	14	7	9	16	4	6	8
13	5	16	14	15	6	7	8	12	10	4	3	11	9	2	1
2	15	11	9	10	4	12	3	6	8	1	16	7	5	14	13

Solution #142

9	12	10	11	6	15	7	8	1	14	5	2	3	13	4	16
6	4	13	8	2	9	5	14	16	11	7	3	1	10	12	15
2	3	15	7	11	4	1	16	13	8	10	12	14	6	9	5
14	16	1	5	10	12	13	3	9	15	6	4	11	2	8	7
13	14	2	10	3	16	15	9	11	5	4	8	12	1	7	6
7	5	9	4	14	11	6	10	3	1	12	16	15	8	13	2
3	8	6	15	12	13	2	1	7	10	14	9	5	11	16	4
12	1	11	16	5	7	8	4	15	6	2	13	9	14	3	10
5	7	14	1	9	2	12	6	8	13	16	15	10	4	11	3
16	15	12	3	4	10	11	13	5	7	1	6	8	9	2	14
11	6	4	9	16	8	14	5	2	12	3	10	7	15	1	13
10	13	8	2	7	1	3	15	14	4	9	11	6	16	5	12
1	10	7	12	13	14	9	11	4	2	15	5	16	3	6	8
4	9	5	6	8	3	10	2	12	16	11	14	13	7	15	1
8	11	16	14	15	5	4	7	6	3	13	1	2	12	10	9
15	2	3	13	1	6	16	12	10	9	8	7	4	5	14	11

Solution #143

7	12	4	15	6	11	9	14	8	2	10	5	3	1	16	13
1	10	9	14	3	2	15	16	13	11	6	7	12	5	4	8
2	16	11	13	12	4	5	8	14	15	3	1	6	10	9	7
5	3	6	8	7	10	13	1	9	16	4	12	15	14	2	11
3	8	2	11	15	14	6	4	12	7	16	13	1	9	5	10
6	15	5	10	11	1	12	9	2	3	8	4	13	16	7	14
16	1	12	4	8	7	3	13	5	10	14	9	2	6	11	15
14	9	13	7	10	16	2	5	1	6	11	15	4	3	8	12
9	7	3	2	5	8	11	10	4	13	1	16	14	15	12	6
4	5	14	1	9	3	7	12	6	8	15	10	11	2	13	16
8	13	16	12	14	6	4	15	11	9	2	3	10	7	1	5
15	11	10	6	1	13	16	2	7	12	5	14	8	4	3	9
12	4	8	16	13	5	10	3	15	1	7	6	9	11	14	2
11	2	15	3	16	12	14	7	10	4	9	8	5	13	6	1
13	14	7	9	2	15	1	6	3	5	12	11	16	8	10	4
10	6	1	5	4	9	8	11	16	14	13	2	7	12	15	3

Solution #144

16	14	12	1	15	8	4	13	3	10	5	11	7	9	2	6
6	4	10	9	12	5	16	2	13	7	14	8	11	15	1	3
2	11	7	3	14	10	9	6	16	12	1	15	5	13	8	4
13	5	15	8	7	1	3	11	6	2	4	9	16	14	12	10
1	10	3	6	16	2	14	7	15	13	8	5	4	12	11	9
4	16	11	15	9	12	8	5	7	14	2	3	1	10	6	13
14	9	2	7	10	11	13	1	4	6	16	12	15	3	5	8
12	8	13	5	3	4	6	15	9	11	10	1	2	16	14	7
8	12	4	10	6	16	1	3	5	9	11	2	14	7	13	15
11	1	14	2	13	7	10	8	12	15	6	4	3	5	9	16
7	3	9	16	5	15	11	12	10	8	13	14	6	2	4	1
15	6	5	13	4	9	2	14	1	16	3	7	8	11	10	12
5	2	8	12	1	3	15	10	14	4	7	13	9	6	16	11
3	15	6	4	2	14	12	16	11	1	9	10	13	8	7	5
10	13	1	14	11	6	7	9	8	5	15	16	12	4	3	2
9	7	16	11	8	13	5	4	2	3	12	6	10	1	15	14

Solution #145

7	2	5	10	4	8	11	14	16	3	13	1	9	12	15	6
13	4	11	1	7	16	6	12	2	10	9	15	14	8	3	5
15	12	9	14	1	13	10	3	11	5	8	6	16	4	2	7
6	16	3	8	2	15	9	5	7	4	14	12	1	11	10	13
10	8	13	6	9	4	2	15	3	1	5	14	12	16	7	11
14	1	12	3	10	7	13	8	9	6	16	11	5	15	4	2
2	9	4	16	6	14	5	11	12	15	7	8	3	1	13	10
5	15	7	11	16	3	12	1	10	2	4	13	6	14	9	8
4	7	14	2	12	10	8	16	13	9	15	3	11	5	6	1
8	3	10	12	14	5	1	13	6	11	2	7	4	9	16	15
11	13	15	5	3	6	4	9	8	16	1	10	7	2	14	12
16	6	1	9	15	11	7	2	5	14	12	4	10	13	8	3
3	11	6	15	8	2	14	4	1	12	10	16	13	7	5	9
1	14	16	7	5	9	3	6	15	13	11	2	8	10	12	4
9	10	2	13	11	12	16	7	4	8	6	5	15	3	1	14
12	5	8	4	13	1	15	10	14	7	3	9	2	6	11	16

Solution #146

6	10	2	16	8	12	7	5	4	13	9	1	3	14	15	11
8	15	13	11	6	1	14	10	2	7	5	3	16	4	12	9
4	7	3	1	13	9	16	11	10	15	12	14	8	2	5	6
12	9	14	5	4	2	3	15	6	16	11	8	1	13	10	7
15	4	12	9	10	11	6	16	7	8	3	2	14	5	1	13
5	16	1	14	3	4	9	13	11	10	6	12	15	7	8	2
13	2	10	3	14	7	15	8	16	5	1	4	6	11	9	12
11	6	7	8	12	5	2	1	14	9	13	15	4	16	3	10
10	14	4	13	15	8	1	2	12	6	16	9	11	3	7	5
2	5	15	12	7	13	4	6	8	3	10	11	9	1	16	14
16	11	9	6	5	10	12	3	15	1	14	7	13	8	2	4
3	1	8	7	9	16	11	14	13	2	4	5	10	12	6	15
9	13	16	15	11	3	5	7	1	4	2	6	12	10	14	8
1	8	6	4	16	15	13	12	5	14	7	10	2	9	11	3
14	12	5	2	1	6	10	9	3	11	8	13	7	15	4	16
7	3	11	10	2	14	8	4	9	12	15	16	5	6	13	1

Solution #147

13	7	2	10	14	15	8	5	12	4	3	1	11	9	6	16
3	16	4	5	9	12	10	7	8	2	6	11	13	1	15	14
14	11	1	15	16	4	6	3	9	5	7	13	8	12	10	2
8	9	6	12	2	13	1	11	10	16	14	15	3	4	5	7
9	4	8	14	10	6	5	2	1	7	11	3	12	15	16	13
12	6	10	7	1	3	9	8	14	15	13	16	5	2	4	11
2	1	11	13	15	14	4	16	6	10	12	5	7	8	9	3
5	15	16	3	7	11	13	12	4	9	8	2	14	6	1	10
15	14	13	16	6	5	7	4	2	1	9	12	10	11	3	8
7	12	3	4	11	9	16	10	5	8	15	6	2	13	14	1
6	10	5	1	12	8	2	13	3	11	4	14	9	16	7	15
11	8	9	2	3	1	15	14	7	13	16	10	6	5	12	4
1	13	15	9	5	7	14	6	11	3	2	4	16	10	8	12
4	5	14	8	13	16	11	9	15	12	10	7	1	3	2	6
10	3	7	11	4	2	12	1	16	6	5	8	15	14	13	9
16	2	12	6	8	10	3	15	13	14	1	9	4	7	11	5

Solution #148

16	10	13	11	1	12	7	3	6	5	14	9	2	15	4	8
4	1	7	14	13	5	11	15	2	16	8	10	12	6	9	3
9	5	15	3	14	2	6	8	12	4	1	13	10	7	11	16
2	8	6	12	9	10	16	4	15	7	3	11	14	5	13	1
14	9	12	5	16	8	3	13	11	15	4	1	7	2	10	6
3	13	2	6	4	1	5	11	8	10	9	7	15	16	14	12
7	16	11	8	10	6	15	12	13	3	2	14	1	4	5	9
10	15	1	4	2	14	9	7	5	6	16	12	11	3	8	13
15	12	5	7	11	3	1	10	16	8	13	6	9	14	2	4
6	3	8	10	5	4	13	2	9	14	11	15	16	12	1	7
1	4	14	9	12	15	8	16	10	2	7	3	5	13	6	11
11	2	16	13	7	9	14	6	1	12	5	4	8	10	3	15
5	7	4	15	3	11	10	1	14	13	12	8	6	9	16	2
13	6	10	2	8	16	4	9	7	11	15	5	3	1	12	14
12	11	3	1	6	7	2	14	4	9	10	16	13	8	15	5
8	14	9	16	15	13	12	5	3	1	6	2	4	11	7	10

Solution #149

16	7	3	8	2	14	1	10	11	5	9	4	15	6	12	13
9	4	10	12	8	16	6	5	1	14	15	13	11	2	7	3
13	11	1	14	3	12	7	15	2	16	8	6	5	9	10	4
15	5	2	6	11	9	13	4	12	3	7	10	1	8	14	16
1	2	9	4	7	5	14	6	10	8	16	11	3	12	13	15
5	8	11	3	16	13	9	12	4	1	14	15	10	7	6	2
7	16	6	10	1	3	15	11	9	2	13	12	8	14	4	5
14	15	12	13	10	8	4	2	5	7	6	3	16	1	9	11
8	6	4	11	5	2	10	14	7	13	12	16	9	3	15	1
2	10	14	9	12	7	8	3	15	4	1	5	13	16	11	6
3	13	16	7	4	15	11	1	6	10	2	9	14	5	8	12
12	1	15	5	13	6	16	9	14	11	3	8	7	4	2	10
10	9	13	15	14	4	2	7	16	6	5	1	12	11	3	8
4	14	8	16	6	1	12	13	3	15	11	7	2	10	5	9
6	3	7	1	9	11	5	8	13	12	10	2	4	15	16	14
11	12	5	2	15	10	3	16	8	9	4	14	6	13	1	7

Solution #150

15	6	7	12	2	5	8	14	9	13	4	10	1	11	16	3
16	9	14	13	1	11	4	10	2	3	7	8	5	12	6	15
4	3	5	10	12	9	15	7	11	1	6	16	14	8	2	13
11	2	1	8	16	6	3	13	12	14	5	15	7	10	4	9
9	8	13	15	7	1	11	2	4	12	3	5	10	16	14	6
14	11	6	4	5	13	16	3	8	15	10	1	2	7	9	12
10	12	2	16	14	4	9	8	6	11	13	7	3	5	15	1
1	5	3	7	15	12	10	6	14	2	16	9	11	13	8	4
6	7	16	14	9	10	2	4	5	8	1	3	13	15	12	11
13	15	11	5	8	7	1	12	10	4	14	2	9	6	3	16
3	1	4	9	11	14	6	5	13	16	15	12	8	2	10	7
8	10	12	2	3	16	13	15	7	6	9	11	4	1	5	14
5	13	15	3	6	2	7	9	16	10	11	4	12	14	1	8
2	16	10	1	13	15	12	11	3	9	8	14	6	4	7	5
7	4	9	11	10	8	14	16	1	5	12	6	15	3	13	2
12	14	8	6	4	3	5	1	15	7	2	13	16	9	11	10

Solution #151

1	11	4	5	13	15	3	10	7	8	9	12	6	16	14	2
16	7	9	14	4	12	11	5	1	15	2	6	13	8	10	3
6	3	12	13	7	1	2	8	5	16	10	14	15	9	11	4
10	15	2	8	9	16	14	6	11	13	4	3	1	12	7	5
4	5	14	3	12	6	9	7	16	11	1	15	10	13	2	8
8	13	11	6	2	14	16	15	4	3	5	10	7	1	9	12
2	16	1	10	11	13	8	4	12	7	14	9	3	5	6	15
15	12	7	9	1	10	5	3	6	2	13	8	16	14	4	11
12	2	13	7	10	3	4	1	8	5	16	11	9	6	15	14
5	14	16	11	6	2	12	13	15	9	3	1	4	7	8	10
9	4	8	15	14	11	7	16	13	10	6	2	12	3	5	1
3	10	6	1	8	5	15	9	14	4	12	7	2	11	13	16
13	9	15	4	16	8	1	12	2	6	11	5	14	10	3	7
7	1	3	2	5	4	10	14	9	12	8	13	11	15	16	6
11	8	10	12	15	9	6	2	3	14	7	16	5	4	1	13
14	6	5	16	3	7	13	11	10	1	15	4	8	2	12	9

Solution #152

3	13	10	8	15	2	14	9	16	12	4	7	1	11	6	5
11	4	9	16	5	6	8	1	15	3	2	13	14	12	7	10
7	14	12	15	11	3	10	4	9	5	6	1	13	8	2	16
6	5	1	2	12	16	13	7	14	10	11	8	3	4	15	9
12	3	16	9	6	8	4	10	2	1	7	5	15	14	11	13
1	11	8	5	2	15	7	14	3	16	13	10	9	6	12	4
10	6	7	13	3	12	5	11	4	14	9	15	8	16	1	2
4	15	2	14	13	1	9	16	6	11	8	12	5	10	3	7
8	1	11	7	9	10	2	3	13	15	12	14	16	5	4	6
13	2	3	10	14	7	6	12	8	4	5	16	11	15	9	1
16	9	14	4	1	5	15	8	10	6	3	11	7	2	13	12
15	12	5	6	4	11	16	13	7	2	1	9	10	3	8	14
2	10	6	11	7	4	1	15	5	13	16	3	12	9	14	8
14	16	4	12	8	9	3	5	1	7	15	6	2	13	10	11
9	7	13	3	16	14	12	6	11	8	10	2	4	1	5	15
5	8	15	1	10	13	11	2	12	9	14	4	6	7	16	3

Solution #153

6	7	2	12	13	3	1	5	9	4	14	16	11	15	8	10
15	14	5	4	7	11	6	16	2	10	8	3	1	9	13	12
16	11	10	9	12	14	15	8	13	7	5	1	3	2	6	4
1	3	13	8	10	2	9	4	6	11	12	15	7	16	14	5
11	15	6	10	9	7	12	14	3	5	2	13	4	1	16	8
9	4	3	5	15	10	13	11	8	16	1	12	2	14	7	6
13	16	12	7	8	1	2	3	10	6	4	14	9	11	5	15
8	1	14	2	16	5	4	6	15	9	11	7	13	12	10	3
4	5	16	15	2	6	10	9	11	14	3	8	12	7	1	13
10	2	7	3	11	13	5	1	12	15	9	6	14	8	4	16
14	6	1	13	4	8	3	12	7	2	16	10	15	5	11	9
12	8	9	11	14	15	16	7	4	1	13	5	10	6	3	2
5	10	8	14	1	12	11	2	16	3	15	4	6	13	9	7
3	12	4	16	5	9	7	15	14	13	6	11	8	10	2	1
2	13	15	6	3	16	14	10	1	8	7	9	5	4	12	11
7	9	11	1	6	4	8	13	5	12	10	2	16	3	15	14

Solution #154

9	14	7	1	4	5	10	15	6	11	16	8	2	13	3	12
8	5	10	6	12	1	13	16	9	2	3	15	4	7	14	11
4	16	15	3	2	6	11	9	12	7	13	14	10	1	8	5
13	12	2	11	14	7	3	8	10	1	4	5	16	15	9	6
11	2	14	10	16	15	9	6	8	4	5	3	7	12	13	1
1	9	13	5	11	3	8	10	14	12	15	7	6	2	16	4
12	4	3	8	7	2	1	14	13	16	10	6	5	9	11	15
15	7	6	16	5	12	4	13	11	9	1	2	3	14	10	8
2	1	12	4	15	10	14	5	3	6	9	16	11	8	7	13
5	15	16	7	6	4	12	11	2	13	8	10	14	3	1	9
6	13	8	14	3	9	16	7	1	5	12	11	15	10	4	2
3	10	11	9	8	13	2	1	15	14	7	4	12	6	5	16
16	11	9	13	10	8	6	4	7	3	2	12	1	5	15	14
7	8	4	12	9	16	15	2	5	10	14	1	13	11	6	3
14	3	5	15	1	11	7	12	16	8	6	13	9	4	2	10
10	6	1	2	13	14	5	3	4	15	11	9	8	16	12	7

Solution #155

16	2	13	7	1	10	6	12	9	11	3	14	4	8	5	15
5	8	10	15	3	16	13	2	4	12	6	1	7	9	11	14
3	14	4	11	8	9	15	7	5	10	13	2	1	16	6	12
9	1	6	12	5	14	4	11	15	16	8	7	3	10	13	2
11	5	2	8	14	3	12	6	10	7	4	15	16	13	1	9
1	9	3	13	16	4	2	5	11	14	12	8	10	7	15	6
4	10	14	6	9	1	7	15	3	2	16	13	11	12	8	5
12	15	7	16	13	11	10	8	6	9	1	5	2	4	14	3
13	4	16	2	11	12	5	10	7	15	14	6	9	1	3	8
6	12	9	5	15	13	16	3	1	8	2	4	14	11	7	10
15	7	11	10	6	8	14	1	13	3	9	12	5	2	4	16
8	3	1	14	2	7	9	4	16	5	10	11	15	6	12	13
7	13	15	3	12	6	1	16	2	4	5	10	8	14	9	11
10	6	12	9	4	5	3	14	8	1	11	16	13	15	2	7
14	16	8	1	7	2	11	9	12	13	15	3	6	5	10	4
2	11	5	4	10	15	8	13	14	6	7	9	12	3	16	1

Solution #156

7	9	8	4	1	16	14	5	11	15	10	13	2	12	3	6
6	15	2	10	8	13	4	9	5	1	12	3	14	11	16	7
5	1	13	14	3	2	12	11	4	6	7	16	15	9	10	8
12	3	16	11	6	15	7	10	9	2	14	8	13	5	1	4
16	5	9	1	14	3	8	4	2	13	11	10	7	6	15	12
15	6	10	2	5	11	13	12	14	8	16	7	4	3	9	1
11	14	7	3	9	1	6	16	12	5	4	15	10	2	8	13
4	8	12	13	10	7	15	2	1	9	3	6	5	16	11	14
13	11	15	7	4	8	9	6	3	12	5	14	1	10	2	16
9	16	14	8	11	5	3	7	13	10	1	2	12	4	6	15
10	2	4	6	16	12	1	13	7	11	15	9	8	14	5	3
1	12	3	5	2	14	10	15	6	16	8	4	9	13	7	11
14	4	1	16	7	6	5	8	10	3	2	12	11	15	13	9
8	13	6	15	12	10	11	1	16	4	9	5	3	7	14	2
2	7	5	9	15	4	16	3	8	14	13	11	6	1	12	10
3	10	11	12	13	9	2	14	15	7	6	1	16	8	4	5

Solution #157

9	2	8	4	12	1	6	5	16	14	13	10	3	11	15	7
3	13	12	15	11	4	8	2	6	5	7	9	10	14	16	1
5	1	16	10	15	14	13	7	3	4	11	2	12	8	9	6
14	7	6	11	16	3	10	9	15	12	1	8	2	13	5	4
8	9	7	1	5	2	14	3	11	13	12	6	15	16	4	10
2	3	10	16	9	8	11	13	14	7	15	4	1	5	6	12
6	4	11	14	7	15	12	10	8	1	5	16	9	3	13	2
15	5	13	12	6	16	1	4	10	2	9	3	8	7	14	11
1	8	5	7	13	9	16	6	12	10	14	15	11	4	2	3
13	15	2	6	14	12	7	11	5	3	4	1	16	10	8	9
10	11	4	3	8	5	2	1	13	9	16	7	6	15	12	14
12	16	14	9	4	10	3	15	2	8	6	11	5	1	7	13
7	6	15	2	3	11	5	14	9	16	10	13	4	12	1	8
11	10	1	13	2	6	4	16	7	15	8	12	14	9	3	5
16	12	3	5	1	13	9	8	4	11	2	14	7	6	10	15
4	14	9	8	10	7	15	12	1	6	3	5	13	2	11	16

Solution #158

9	4	5	14	3	6	10	7	15	12	11	8	16	13	1	2
11	15	7	12	4	8	16	2	3	6	1	13	9	5	14	10
2	10	8	13	12	1	14	5	9	4	7	16	6	11	15	3
16	6	1	3	11	15	9	13	5	14	10	2	4	12	7	8
3	11	10	16	8	2	4	14	7	5	13	15	12	6	9	1
6	8	4	15	9	5	1	16	2	10	12	3	7	14	13	11
14	9	12	5	13	7	15	10	16	11	6	1	8	2	3	4
13	1	2	7	6	11	3	12	8	9	14	4	15	16	10	5
1	3	13	6	16	12	7	8	14	15	2	10	11	4	5	9
12	2	14	4	1	3	6	11	13	8	9	5	10	7	16	15
7	5	9	10	15	13	2	4	11	1	16	12	3	8	6	14
8	16	15	11	10	14	5	9	4	7	3	6	13	1	2	12
10	13	16	8	14	9	11	3	12	2	5	7	1	15	4	6
5	7	11	1	2	10	12	15	6	13	4	9	14	3	8	16
4	14	6	2	7	16	8	1	10	3	15	11	5	9	12	13
15	12	3	9	5	4	13	6	1	16	8	14	2	10	11	7

Solution #159

8	4	14	11	6	13	16	2	1	12	7	10	5	9	15	3
3	6	10	15	14	4	1	5	8	16	13	9	11	2	12	7
2	13	12	16	3	11	9	7	6	4	15	5	14	1	10	8
7	5	9	1	8	12	15	10	2	3	14	11	6	4	16	13
4	1	13	10	15	7	8	11	3	2	9	16	12	14	6	5
11	16	2	9	4	10	14	12	15	5	6	13	8	7	3	1
14	12	15	3	9	16	5	6	7	11	8	1	10	13	2	4
6	7	8	5	2	3	13	1	10	14	12	4	15	11	9	16
10	11	1	6	13	14	4	15	5	9	2	7	3	16	8	12
16	14	7	2	11	6	3	8	13	15	10	12	4	5	1	9
5	8	3	13	12	1	10	9	16	6	4	14	2	15	7	11
9	15	4	12	5	2	7	16	11	1	3	8	13	6	14	10
12	9	6	4	10	8	11	13	14	7	1	15	16	3	5	2
15	2	11	8	1	5	12	3	9	13	16	6	7	10	4	14
13	3	16	14	7	9	6	4	12	10	5	2	1	8	11	15
1	10	5	7	16	15	2	14	4	8	11	3	9	12	13	6

Solution #160

14	13	3	1	11	7	2	16	10	4	5	12	8	9	15	6
4	11	5	6	1	9	12	10	15	13	3	8	14	2	7	16
7	15	12	10	8	6	14	13	11	2	16	9	5	1	4	3
8	9	2	16	5	15	4	3	7	6	1	14	11	12	10	13
12	5	9	11	2	4	8	15	16	7	13	10	3	6	1	14
1	8	14	2	13	3	11	5	6	12	15	4	7	16	9	10
6	16	13	3	14	12	10	7	8	9	11	1	2	4	5	15
10	4	7	15	16	1	6	9	3	5	14	2	13	11	12	8
3	7	10	12	15	14	9	11	13	16	2	6	4	5	8	1
5	2	6	13	7	8	16	1	4	11	9	15	10	3	14	12
11	1	16	4	6	13	5	12	14	10	8	3	9	15	2	7
9	14	15	8	4	10	3	2	5	1	12	7	16	13	6	11
16	12	11	7	3	2	15	6	9	14	10	5	1	8	13	4
2	3	1	14	10	5	13	4	12	8	6	11	15	7	16	9
15	10	4	9	12	16	1	8	2	3	7	13	6	14	11	5
13	6	8	5	9	11	7	14	1	15	4	16	12	10	3	2

Solution #161

6	9	1	13	4	7	8	10	5	2	11	15	3	14	12	16
15	14	12	4	13	11	9	1	7	3	8	16	5	6	2	10
16	3	7	5	6	15	14	2	9	12	1	10	11	13	8	4
8	11	10	2	5	16	12	3	6	13	14	4	9	7	15	1
2	10	14	3	9	4	5	6	11	1	13	8	15	16	7	12
4	15	13	16	11	8	1	12	3	6	9	7	14	5	10	2
9	1	8	6	2	10	7	16	15	14	12	5	4	11	3	13
12	5	11	7	3	13	15	14	4	10	16	2	8	9	1	6
13	4	9	15	14	12	2	7	16	5	10	11	1	8	6	3
14	7	3	8	16	1	6	5	2	15	4	12	13	10	11	9
11	16	6	1	15	9	10	13	8	7	3	14	2	12	4	5
10	2	5	12	8	3	11	4	13	9	6	1	7	15	16	14
7	8	16	11	1	5	13	9	10	4	2	6	12	3	14	15
5	13	15	14	10	2	4	11	12	16	7	3	6	1	9	8
1	12	2	10	7	6	3	15	14	8	5	9	16	4	13	11
3	6	4	9	12	14	16	8	1	11	15	13	10	2	5	7

Solution #162

6	15	2	5	9	4	1	10	7	11	8	14	3	13	12	16
4	1	14	9	13	6	7	11	15	12	3	16	10	2	8	5
11	13	3	8	14	16	15	12	2	10	9	5	6	1	4	7
10	12	7	16	2	5	8	3	4	6	1	13	14	11	15	9
3	8	1	2	4	9	10	5	12	15	13	7	11	6	16	14
5	11	4	13	6	15	3	7	16	9	14	1	2	12	10	8
7	16	15	12	8	1	11	14	10	4	2	6	9	3	5	13
9	10	6	14	16	12	13	2	11	3	5	8	1	15	7	4
1	7	10	6	12	13	16	4	9	14	15	2	5	8	3	11
13	3	9	4	7	14	6	1	8	5	10	11	15	16	2	12
14	2	12	15	10	11	5	8	3	16	6	4	7	9	13	1
16	5	8	11	3	2	9	15	13	1	7	12	4	14	6	10
8	9	11	3	15	7	12	16	1	2	4	10	13	5	14	6
12	14	13	1	5	3	4	9	6	7	16	15	8	10	11	2
15	6	5	7	11	10	2	13	14	8	12	9	16	4	1	3
2	4	16	10	1	8	14	6	5	13	11	3	12	7	9	15

Solution #163

10	5	12	3	1	14	15	8	9	7	13	2	11	6	16	4
9	13	1	16	12	10	4	11	8	5	3	6	7	15	14	2
14	11	4	6	7	5	9	2	10	15	1	16	8	3	12	13
8	2	15	7	6	3	13	16	4	12	14	11	10	1	9	5
13	1	5	15	10	6	3	14	2	9	16	4	12	8	11	7
3	7	10	8	9	16	5	15	11	6	12	1	2	13	4	14
2	16	11	9	8	12	7	4	5	14	15	13	6	10	3	1
6	12	14	4	11	13	2	1	7	8	10	3	5	16	15	9
15	6	8	1	16	4	14	9	12	2	11	7	3	5	13	10
16	4	2	12	3	7	1	5	13	10	9	8	14	11	6	15
11	9	3	10	13	15	12	6	1	16	5	14	4	7	2	8
5	14	7	13	2	11	8	10	6	3	4	15	9	12	1	16
12	3	13	2	5	1	16	7	14	4	6	10	15	9	8	11
4	15	6	11	14	9	10	13	3	1	8	5	16	2	7	12
1	8	16	5	4	2	6	12	15	11	7	9	13	14	10	3
7	10	9	14	15	8	11	3	16	13	2	12	1	4	5	6

Solution #164

5	16	10	1	3	6	14	9	15	2	12	4	7	11	8	13
2	13	12	7	15	4	8	5	11	6	10	9	16	1	3	14
3	9	11	14	7	10	2	1	5	16	13	8	4	12	6	15
8	15	4	6	12	11	13	16	14	3	1	7	9	2	10	5
1	3	8	13	5	7	4	15	9	14	2	11	10	6	12	16
9	2	16	4	1	14	12	10	13	8	5	6	3	7	15	11
12	6	5	11	13	9	3	2	10	7	16	15	1	4	14	8
14	7	15	10	16	8	11	6	3	12	4	1	5	9	13	2
16	1	3	8	10	15	5	14	2	4	11	12	6	13	7	9
13	5	2	9	11	12	7	3	16	10	6	14	8	15	1	4
7	11	14	12	8	16	6	4	1	9	15	13	2	3	5	10
10	4	6	15	2	1	9	13	8	5	7	3	11	14	16	12
6	10	7	5	9	3	15	8	4	13	14	2	12	16	11	1
4	14	13	3	6	5	10	11	12	1	9	16	15	8	2	7
11	8	1	2	4	13	16	12	7	15	3	10	14	5	9	6
15	12	9	16	14	2	1	7	6	11	8	5	13	10	4	3

Solution #165

14	6	11	13	4	16	1	9	5	2	12	15	3	7	8	10
9	12	8	10	2	14	3	7	6	11	13	16	5	1	4	15
1	7	2	3	15	12	5	13	10	4	9	8	14	11	6	16
4	5	15	16	8	10	11	6	3	14	1	7	9	12	2	13
3	9	4	6	5	2	7	15	12	13	14	11	10	8	16	1
13	10	16	14	3	1	9	8	7	6	2	5	15	4	11	12
7	1	12	11	16	6	13	14	15	8	10	4	2	3	5	9
15	8	5	2	11	4	12	10	1	3	16	9	6	14	13	7
12	13	10	9	7	5	16	1	11	15	3	6	4	2	14	8
5	14	1	4	6	8	15	12	2	10	7	13	16	9	3	11
8	2	3	7	14	11	10	4	9	16	5	1	13	15	12	6
11	16	6	15	13	9	2	3	8	12	4	14	1	10	7	5
16	15	9	5	1	3	8	2	14	7	6	12	11	13	10	4
6	11	7	1	10	13	14	5	4	9	8	2	12	16	15	3
2	3	13	12	9	7	4	11	16	5	15	10	8	6	1	14
10	4	14	8	12	15	6	16	13	1	11	3	7	5	9	2

Solution #166

9	7	6	2	15	3	14	10	8	13	12	4	16	1	5	11
11	14	1	8	9	6	4	16	10	3	2	5	15	7	13	12
4	10	13	5	2	7	8	12	11	1	15	16	3	6	14	9
15	12	16	3	13	11	1	5	9	7	6	14	4	2	8	10
12	2	7	11	4	13	15	8	14	16	1	6	10	9	3	5
1	3	5	13	7	16	10	9	4	8	11	2	14	15	12	6
14	6	8	16	12	1	11	3	5	9	10	15	7	13	2	4
10	9	4	15	14	5	2	6	3	12	13	7	11	16	1	8
7	16	11	1	10	9	3	15	13	4	8	12	2	5	6	14
6	15	14	10	5	12	13	1	16	2	7	9	8	4	11	3
5	4	2	9	16	8	7	14	6	11	3	10	1	12	15	13
13	8	3	12	11	2	6	4	15	14	5	1	9	10	7	16
16	5	15	7	3	4	12	11	2	6	9	8	13	14	10	1
2	13	9	6	8	14	5	7	1	10	4	11	12	3	16	15
8	1	12	14	6	10	9	13	7	15	16	3	5	11	4	2
3	11	10	4	1	15	16	2	12	5	14	13	6	8	9	7

Solution #167

9	3	11	12	14	2	6	10	8	7	5	4	15	16	13	1
5	10	7	4	15	16	1	13	12	9	3	14	2	6	8	11
14	2	6	16	9	4	8	11	10	1	13	15	7	3	5	12
13	15	8	1	3	7	12	5	16	2	6	11	14	9	4	10
3	1	13	8	12	10	5	4	15	14	9	16	6	7	11	2
6	16	9	10	13	14	15	8	11	4	2	7	3	12	1	5
11	4	15	5	1	3	2	7	13	10	12	6	8	14	16	9
12	14	2	7	6	11	16	9	5	8	1	3	10	13	15	4
1	6	3	11	8	15	9	14	7	16	4	5	12	2	10	13
2	12	10	14	11	1	4	3	6	15	8	13	9	5	7	16
16	9	5	15	2	13	7	6	3	12	10	1	11	4	14	8
8	7	4	13	5	12	10	16	2	11	14	9	1	15	3	6
10	13	14	2	16	8	3	1	9	5	7	12	4	11	6	15
7	8	12	9	4	5	13	15	14	6	11	10	16	1	2	3
15	5	1	6	7	9	11	2	4	3	16	8	13	10	12	14
4	11	16	3	10	6	14	12	1	13	15	2	5	8	9	7

Solution #168

10	6	2	11	15	8	1	4	14	9	3	5	16	7	12	13
4	1	7	8	10	9	11	2	13	6	12	16	15	5	14	3
14	12	5	13	3	7	6	16	2	15	1	8	11	10	4	9
15	3	16	9	14	13	5	12	7	10	11	4	6	8	2	1
16	10	1	7	5	11	13	3	8	14	2	9	12	4	6	15
11	14	4	15	16	1	12	8	6	13	10	3	2	9	7	5
13	5	6	12	9	4	2	10	11	1	15	7	14	16	3	8
9	2	8	3	6	14	15	7	4	16	5	12	13	1	11	10
3	9	13	16	7	12	10	6	1	8	4	2	5	14	15	11
8	11	10	1	13	5	3	9	12	7	14	15	4	6	16	2
2	15	12	6	4	16	14	1	9	5	13	11	8	3	10	7
5	7	14	4	11	2	8	15	16	3	6	10	1	13	9	12
12	8	3	2	1	10	9	5	15	4	16	6	7	11	13	14
7	16	9	10	2	15	4	14	5	11	8	13	3	12	1	6
1	4	11	5	12	6	7	13	3	2	9	14	10	15	8	16
6	13	15	14	8	3	16	11	10	12	7	1	9	2	5	4

Solution #169

5	13	10	6	7	3	4	9	14	16	15	8	11	12	1	2
16	12	11	3	2	15	13	8	6	1	7	10	14	5	9	4
8	4	2	14	1	10	6	12	5	13	9	11	3	15	16	7
15	1	9	7	5	16	11	14	3	2	12	4	13	10	8	6
4	11	15	9	14	5	7	13	12	10	3	2	8	16	6	1
2	14	12	13	9	6	15	11	16	7	8	1	5	3	4	10
10	7	6	1	16	2	8	3	11	14	4	5	15	9	12	13
3	8	5	16	12	4	10	1	15	9	13	6	7	11	2	14
14	9	1	10	8	12	3	2	7	15	16	13	6	4	11	5
11	3	13	12	10	7	1	6	2	4	5	9	16	14	15	8
6	15	4	8	13	9	5	16	1	12	11	14	2	7	10	3
7	2	16	5	15	11	14	4	10	8	6	3	9	1	13	12
13	16	14	4	6	8	12	15	9	5	10	7	1	2	3	11
12	6	3	15	4	1	2	5	13	11	14	16	10	8	7	9
1	10	8	11	3	14	9	7	4	6	2	15	12	13	5	16
9	5	7	2	11	13	16	10	8	3	1	12	4	6	14	15

Solution #170

12	3	2	7	11	16	5	4	9	8	1	6	15	10	13	14
5	9	16	15	8	7	1	3	12	13	10	14	11	2	4	6
14	6	1	4	12	9	13	10	15	3	2	11	7	16	8	5
8	11	13	10	15	2	6	14	16	7	4	5	3	1	12	9
15	13	12	14	9	1	16	8	7	11	5	4	10	6	3	2
2	1	5	8	10	4	7	11	6	15	9	3	12	13	14	16
16	10	3	9	5	15	2	6	1	14	12	13	4	11	7	8
4	7	11	6	3	14	12	13	10	16	8	2	9	15	5	1
3	2	8	5	14	6	11	7	13	12	16	10	1	4	9	15
1	14	9	13	2	12	3	5	11	4	6	15	8	7	16	10
6	4	7	11	13	10	15	16	8	1	3	9	14	5	2	12
10	12	15	16	4	8	9	1	2	5	14	7	6	3	11	13
13	16	4	12	7	3	14	9	5	10	15	1	2	8	6	11
11	8	6	2	16	13	10	15	3	9	7	12	5	14	1	4
9	5	10	3	1	11	4	2	14	6	13	8	16	12	15	7
7	15	14	1	6	5	8	12	4	2	11	16	13	9	10	3

Solution #171

3	8	10	2	1	7	15	9	12	5	11	13	4	14	6	16
5	13	4	11	6	3	16	14	15	1	9	2	8	12	7	10
1	6	15	14	2	11	4	12	10	8	7	16	3	13	9	5
9	7	16	12	10	5	13	8	4	14	6	3	2	1	15	11
12	4	9	3	8	1	6	15	13	2	16	10	7	11	5	14
6	14	11	7	12	13	10	3	8	15	4	5	1	2	16	9
8	15	5	1	16	14	7	2	11	3	12	9	13	6	10	4
13	10	2	16	5	4	9	11	1	6	14	7	12	3	8	15
16	1	7	8	13	15	5	6	9	10	3	11	14	4	2	12
10	2	3	6	11	9	12	16	14	4	5	1	15	8	13	7
11	5	14	13	4	8	1	10	7	12	2	15	9	16	3	6
4	9	12	15	3	2	14	7	16	13	8	6	5	10	11	1
14	11	13	5	9	16	3	1	2	7	10	4	6	15	12	8
2	3	1	10	14	12	11	5	6	9	15	8	16	7	4	13
7	12	6	9	15	10	8	4	3	16	13	14	11	5	1	2
15	16	8	4	7	6	2	13	5	11	1	12	10	9	14	3

Solution #172

14	16	10	4	8	3	15	2	13	5	7	12	6	9	11	1
8	1	2	3	9	5	7	4	16	11	15	6	10	12	13	14
11	9	6	5	1	13	12	10	14	4	8	2	7	16	15	3
13	15	7	12	14	11	16	6	3	1	10	9	2	8	5	4
1	13	16	11	7	6	2	9	15	12	3	5	8	14	4	10
2	7	14	8	16	12	5	3	9	13	4	10	15	6	1	11
6	5	15	10	13	8	4	11	7	2	14	1	12	3	16	9
12	4	3	9	10	15	1	14	8	6	16	11	5	13	2	7
3	8	9	14	2	10	11	12	1	15	13	7	4	5	6	16
4	11	5	13	3	1	14	7	2	8	6	16	9	10	12	15
15	10	12	7	6	9	8	16	5	14	11	4	1	2	3	13
16	6	1	2	5	4	13	15	10	9	12	3	11	7	14	8
9	3	4	16	15	14	6	5	12	10	1	8	13	11	7	2
5	2	13	15	12	16	10	1	11	7	9	14	3	4	8	6
10	12	8	6	11	7	3	13	4	16	2	15	14	1	9	5
7	14	11	1	4	2	9	8	6	3	5	13	16	15	10	12

Solution #173

15	4	14	12	11	16	3	5	7	8	6	2	9	13	1	10
11	3	13	7	6	2	4	9	10	16	5	1	15	8	14	12
8	9	16	5	15	12	1	10	4	14	3	13	2	6	7	11
2	6	1	10	8	14	7	13	12	15	9	11	3	16	5	4
10	15	5	14	3	7	12	8	16	6	1	9	4	2	11	13
1	2	7	8	5	13	15	16	11	10	4	14	6	12	3	9
13	12	4	6	14	10	9	11	15	3	2	8	1	7	16	5
3	16	11	9	1	6	2	4	13	7	12	5	8	15	10	14
5	13	10	1	16	4	8	3	9	2	11	6	12	14	15	7
12	14	2	11	9	1	5	6	3	4	15	7	13	10	8	16
9	7	15	16	12	11	14	2	8	1	13	10	5	4	6	3
6	8	3	4	10	15	13	7	5	12	14	16	11	9	2	1
16	11	9	3	13	8	10	15	2	5	7	4	14	1	12	6
7	1	8	13	4	5	6	12	14	11	10	15	16	3	9	2
14	10	12	15	2	9	11	1	6	13	16	3	7	5	4	8
4	5	6	2	7	3	16	14	1	9	8	12	10	11	13	15

Solution #174

7	13	15	8	12	2	3	5	9	4	11	16	1	10	6	14
1	12	4	2	8	13	16	10	15	3	6	14	5	11	9	7
16	14	11	6	9	7	1	15	5	8	2	10	3	12	4	13
10	5	9	3	11	14	4	6	12	7	1	13	8	16	15	2
11	8	7	12	10	5	9	4	3	13	15	1	16	14	2	6
2	3	13	14	15	16	11	7	10	5	4	6	9	8	12	1
5	6	10	4	13	12	8	1	16	2	14	9	7	3	11	15
15	9	1	16	6	3	2	14	8	11	7	12	4	13	5	10
6	16	8	7	4	1	13	12	2	15	10	11	14	5	3	9
12	11	14	15	7	8	6	3	1	16	9	5	13	2	10	4
4	1	3	9	14	10	5	2	13	6	12	7	11	15	16	8
13	10	2	5	16	11	15	9	4	14	8	3	6	7	1	12
8	15	16	11	1	9	14	13	6	12	5	2	10	4	7	3
3	7	5	10	2	6	12	11	14	9	13	4	15	1	8	16
9	4	12	13	5	15	10	16	7	1	3	8	2	6	14	11
14	2	6	1	3	4	7	8	11	10	16	15	12	9	13	5